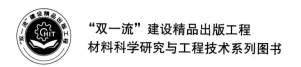

"双一流"建设精品出版工程

材料科学研究与工程技术系列图书

高分子链结构与溶液

POLYMER CHAIN STRUCTURE AND SOLUTION

姚同杰 刘 丽 刘宇艳 编 著

哈尔滨工业大学出版社

HARBIN INSTITUTE OF TECHNOLOGY PRESS

内 容 简 介

高分子物理对于高分子专业研究生的重要性不言而喻,而高分子链结构和高分子溶液又是高分子物理的基础。本书在 Flory(弗洛里)经典理论的基础上引入了标度理论,从全新的角度对相关知识,如高分子链的构象、高分子溶剂、混合热力学、相分离以及聚合物在各种溶剂中构象的研究方法等进行了诠释。

本书适合高分子专业的研究生、高年级本科生和相关研究人员参考使用。

图书在版编目(CIP)数据

高分子链结构与溶液/姚同杰,刘丽,刘宇艳编著
.—哈尔滨:哈尔滨工业大学出版社,2023.8
(材料科学研究与工程技术系列图书)
ISBN 978－7－5767－1025－0

Ⅰ.①高… Ⅱ.①姚… ②刘… ③刘… Ⅲ.①高聚物物理学 Ⅳ.①O631.2

中国国家版本馆 CIP 数据核字(2023)第 167522 号

策划编辑 王桂芝
责任编辑 杨 硕
出版发行 哈尔滨工业大学出版社
社 址 哈尔滨市南岗区复华四道街 10 号 邮编 150006
传 真 0451－86414749
网 址 http://hitpress.hit.edu.cn
印 刷 哈尔滨久利印刷有限公司
开 本 787 mm×1 092 mm 1/16 印张 9.25 字数 205 千字
版 次 2023 年 8 月第 1 版 2023 年 8 月第 1 次印刷
书 号 ISBN 978－7－5767－1025－0
定 价 38.00 元

(如因印装质量问题影响阅读,我社负责调换)

前　言

高分子物理是高分子学科的基础。目前,我国高校本科教学所使用的高分子物理教材,多以 1953 年诺贝尔化学奖得主保罗·弗洛里(Flory)的《高分子化学原理》为参考进行翻译修订。自弗洛里教授这部著作问世以来,科学技术突飞猛进,学科之间的交叉融合越来越密切,大量新概念、新方法和新技术被引入高分子物理的研究中,不断对传统理论进行补充、修订甚至颠覆,尤其是皮埃尔-吉勒·德热纳(de Gennes)将标度理论引入高分子物理的研究中,对经典概念和理论重新进行了诠释,并因此获得了诺贝尔物理学奖。然而,这些重要成果过于深奥,现有教材中很少体现。

在高分子物理中,链结构和溶液性质是课程的基础,德热纳和鲁宾斯坦(Rubinstein)等也对这部分知识提出了自己独到的见解。本书的写作动机即如何用通俗易懂的语言让这些深奥的理论被读者所接受。因此,本书也可以作为高分子专业研究生的选修教材。

本书共分 4 章:第 1 章为绪论,介绍高分子科学发展史,与高分子凝聚态及性能相关的一些重要知识点;第 2 章为高分子的链结构,先介绍高分子的构型、分子量、构象和柔顺性等基本知识,在此基础上,将标度理论引入高分子分形维数和自由能的研究中;第 3 章为混合与相分离,主要介绍高分子的溶解过程、排除体积、真实链对应的溶剂、混合热力学参数、分子量测试方法及相分离等知识;第 4 章为聚合物的溶液,从平均场理论和标度理论介绍稀溶液和半稀溶液所对应的良溶液、劣溶液和 θ 溶液。

本书在撰写过程中充分考虑到了读者的高分子物理基础各不相同,因此先从经典 Flory 理论入手进行基本概念和原理的阐述,然后引入标度理论对其升华。这种由浅入深、循序渐进的方式,既便于初学者尽快理解掌握高分子物理的核心内容,又保证了有一定基础的读者能够丰富专业知识、拓宽学术视野。

由于作者水平有限,疏漏及不足在所难免,恳请读者批评指正,不吝赐教。

作　者
2023 年 4 月

目　　录

第1章 绪 论

1.1 高分子科学发展史

虽然高分子学科与无机化学和有机化学相比建立较晚,但从人类诞生的第一天起,生产生活就同高分子密切相关。为了生存,人们需要从动物体内摄取蛋白质;为了保暖,人们喜欢穿棉质衣服;为了舒适,人们将牛皮鞣制后再制作皮靴。然而,人类只是凭经验去使用或加工高分子,由于生产力水平的局限,根本没有能力去探索蛋白质和棉花的结构组成是什么,为什么牛皮鞣制后会变软。因此,在相当长的一段时间里,人类对高分子的认知处于"蒙昧期"。

工业革命后,人类的知识水平呈爆炸式增长,有机化学和物理化学的快速发展,为高分子学科的建立奠定了基础。19世纪中后期,有机化学家已经能够在实验室中合成出许多复杂的有机物。其中的一些黏稠液体或无定型粉末很难提纯,大多数被当作废品扔掉,但仍有少数材料因性能优异,获得了人们的认可并被应用。如:1845年,瑞士化学家舍恩拜采用混酸硝化工艺制备了硝化纤维,用于炸药工业;1909年,美国化学家贝克兰注册了酚醛树脂(电木)的专利,被广泛应用于电器材料。它们的优异性能激发了学者们的研究兴趣。然而,深入研究时却发现,这些材料不仅结构难以解析,分子量也无法准确测定。此时,人类已经开始有意识地研究高分子的组成、结构和性能,对高分子的认识也进入了"萌芽期"。在这一时期,人们尝试建立理论对所合成材料的结构和优异性能进行解释,其中"胶体缔合说"成为当时学术界的主流观点。该理论认为,高分子是有机小分子通过分子间的"次级键"缔合起来的。可以看出,胶体缔合说的本质仍是小分子学说。当时,虽然胶体缔合说占据主导地位,但一些学者的研究成果已经孕育了高分子的基本思想。如:1877年,化学家凯库勒指出,绝大多数与生命直接联系在一起的天然有机物蛋白质、淀粉和纤维素等可能是由长链组成的,这种特殊的结构决定了它们特殊的性质;1893年,费歇尔将氨基酸逐个连接制备了聚合度为30的单分散多肽,并证明多肽是由许多氨基酸单元通过酰胺键连接而成的线型长链分子。然而,这些正确的观点均被有机化学和胶体化学的声音所掩盖。

20世纪初期,越来越多的高分子材料被合成并应用,胶体缔合说的错误也逐渐显现,人们迫切希望建立正确的理论来指导高分子学科的发展和高分子工业的生产。1920年,德国化学家施陶丁格(Staudinger)发表了具有划时代意义的论文《论聚合》。在这篇论文中,他第一次提出了聚合物是由共价键连接起来的大分子,但分子的长度不完全相同,所以不能用有机化学中"纯粹化合物"的概念来理解大分子。由于大分子是同系物的混合物，它们彼此性质差别很小，难以分离，分子量只能是一种平均值。同时，施陶丁格预测了一些能够发生聚合反应的小分子单体，如苯乙烯和氧化乙烯等。然而，他的这些正确观点并没有立即被人们接受，许多著名学者，如埃米尔·费歇尔(1902年诺贝尔化学奖得主)和海因里希·奥托·威兰(1927年诺贝尔化学奖得主)依然支持胶体缔合说。双方唇枪舌剑进行争论，标志着人类对高分子的认识进入了"争鸣期"。

化学是一门实验科学，实验数据是支持理论的最好证据。1922年，施陶丁格和同事弗里奇(Fritschi)共同发表了天然橡胶中存在高分子长链的直接证据，并在相关报道中首次提出了"大分子(macromolecule)"的概念。随后，人们分别通过渗透压法和端基分析法测定高分子的分子量，所得结果一致。1932年，施陶丁格又提出了溶液黏度与分子量之间的关系式，一系列实验证据确凿地证明了高分子学说的正确性。到20世纪30年代，高分子学说终于战胜了胶体缔合说而被人们普遍接受，从此高分子科学进入了飞速发展的"黄金期"。

高分子学说建立后，一方面理论指导工业生产，另一方面工业生产中的产品又为学者提供了丰富的研究材料，二者相互促进，高分子学科迎来了大发展。这一阶段，新的理论和研究方法如雨后春笋般涌现，工业产品更是不断推陈出新。1930—1940年，库恩(Kuhn)、古斯(Guth)和马克(Mark)将统计力学应用于高分子链的构象研究，建立了橡胶高弹性理论。斯维德贝格(Svedberg)将超离心技术发展为测定聚合物分子量及分子量分布的方法，并精确测定了蛋白质的分子量。1942年，弗洛里和哈金斯(Huggins)等人用晶格模型推导出了高分子溶液中的重要热力学参数混合熵、混合热和混合吉布斯自由能等。德拜(Debye)和齐姆(Zimm)等人发展了光散射法来研究高分子溶液的性质，不仅使分子量的测定更加精确，而且使高分子链均方回转半径的测试成为可能。1949年，弗洛里等人将热力学和流体力学联系起来，使高分子溶液黏度、扩散和沉降等宏观现象从微观角度得到了解释。1953年，詹姆斯·杜威·沃森和弗朗西斯·克里克通过X射线衍射技术确定了DNA的双螺旋结构，并发现很多天然高分子和合成高分子也有类似结构，他们因此获得了1962年的诺贝尔生理学或医学奖。20世纪50年代，卡尔·齐格勒和居里奥·纳塔采用配位聚合的方法合成了高密度聚乙烯和聚丙烯；时至今日，聚乙烯和聚丙烯已成为人类用量最大的两种高分子材料，年产量均已接近1亿t。两位学者也因配位聚合的发现荣膺1963年的诺贝尔化学奖。1974年，保罗·弗洛里因为在高分子物理诸多领域的杰出贡献获得了诺贝尔化学奖。法国科学家皮埃尔－吉勒·德热纳将标度理论引入了高分子物理的研究中，从而为高分子的研究开辟了新思路，他也因为"将研究简单体系有序现象的方法推广到高分子和液晶等复杂体系"获得了1991年的诺贝尔物理学奖。从20世纪70年代起，艾伦·黑格、艾伦·G·麦克德尔米德和白川英树开始了导电高分子的研究，他们的成果打破了高分子都是绝缘体的传统认知，极大促进了高分子半导体和导体事业的发展,三人也因此共同分享了 2000 年的诺贝尔化学奖。

2020 年是高分子学科建立 100 周年。从 1920 年高分子的概念尚被质疑,到今天高分子材料年产量突破 20 亿 t,成为与金属和陶瓷并列的人类三大主要材料之一,高分子的发展经历了辉煌的 100 年。在此期间,不断有新材料被合成、新理论被建立、新方法被开发、新性质被发掘,这些成果对人类科技的进步产生了重大影响,也给人类的生产生活方式带来了深刻变革。然而,人类对未知世界的探索是永无止境的,高分子学科虽然发展迅速、进步巨大,但是仍有许多科学问题尚未被完全了解,甚至限于现有科技水平无法探究。其他学科的发展给高分子学科带来机遇的同时,也对高分子学科提出了新的挑战,如:环境学科的发展和环保意识的增强使高分子降解问题成为全社会关注的焦点;航空航天技术的进步使人类离开地球走向太空成为可能,耐高温／低温高分子材料亟待突破;5G 技术的发展与应用对传统封装材料的介电性能提出了更高的要求 …… 这些难题都需要新理论、新技术和新材料去一一解决。由此可见,在未来相当长的一段时间内,高分子学科将有巨大的应用空间,这也鼓励着更多的学者投身高分子事业,去开拓高分子科学更加灿烂的明天。

1.2　结晶聚合物的结构模型

高分子链具有柔顺性,可以把它们看成一根柔软的毛线。很难想象许多毛线会规则地堆砌在一起形成晶区,因此在一段时间里人们认为高分子是无法结晶的。随着学者们对高分子研究的深入,大量实验现象颠覆了这种传统认知。如全同立构聚丙烯通过配位聚合合成后,人们发现其密度总是大于无规立构聚丙烯。此外,对这两种聚丙烯进行 X 射线衍射研究发现,无规立构聚丙烯中只有弥散环,而全同立构聚丙烯的衍射图案中却可以观测到代表晶区的衍射环。

根据这些现象,人们尝试提出合理的结晶模型对聚合物的结晶过程进行解释。20 世纪 40 年代,由格恩格罗斯(Gerngross)提出的缨状微束模型(两相结构模型)成为学术界的主流观点,该模型所描述的聚合物结晶如图 1.1 所示,其特点如下:

(1) 晶区和非晶区总是同时存在,且相互穿插;

(2) 晶区尺寸较小(不足 10 nm),一根高分子链可穿过几个晶区或非晶区;

(3) 通常情况下,晶区是无规取向的,而非晶区则是完全无序的。

缨状微束模型很好地解释了当时所观测到的实验现象,如结晶聚合物的密度明显高于非晶聚合物、结晶聚合物特殊的 X 射线衍射图案等。然而,当扫描电子显微镜(SEM)和透射电子显微镜(TEM)被发明并用于高分子结晶过程的研究后,人们第一次在纳米尺度上直接观察到了结晶聚合物的形貌,发现聚合物不仅可以结晶,而且晶体形貌多种多样。1957 年,凯勒(Keller)、蒂尔(Till)和费歇尔(Fischer)等人几乎同时报道了聚合物单

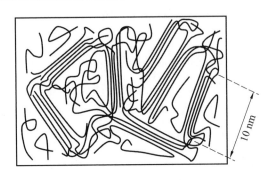

图 1.1　缨状微束模型

晶的发现,在电子显微镜下聚乙烯呈金字塔状,聚氧化乙烯呈海螺壳状,聚苯乙烯晶体更复杂,不仅呈规则的六边形状而且上面还有螺纹,如图 1.2 所示。通过对大量聚合物单晶的观察,学者们总结出了 4 点共性:

(1) 单晶的厚度一般为 10 nm,且与分子量大小无关;

(2) 单晶总是沿长度和宽度方向生长,有时尺寸可以达到数百微米;

(3) 电子衍射数据表明,晶片中分子链的延伸方向垂直于晶面;

(4) 虽然一些聚合物的结晶度很高,但无法实现 100% 结晶。

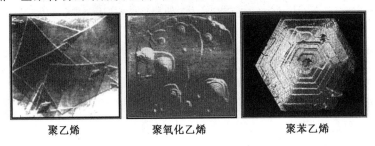

聚乙烯　　　　　聚氧化乙烯　　　　　聚苯乙烯

图 1.2　聚合物单晶的电子显微镜照片

这些新现象是缨状微束模型无法解释的。如缨状微束模型认为"晶区是无规取向的,而非晶区则是完全无序的",这就无法解释为什么"晶片中分子链的延伸方向总是垂直于晶面"这一实验事实。那么,在结晶聚合物中分子链应该如何排列才能满足以上 4 点共性呢?以最简单的聚乙烯为例,一个单体单元的长度约为 0.25 nm、分子量为 5.0×10^4 g/mol 的聚乙烯如果完全伸直,长度约为 500 nm。单晶片的厚度为 10 nm,只能在厚度方向上排列 40 个单体单元,这就需要聚乙烯的分子链折叠,且每隔 10 nm 弯折一次。据此,Keller 首先提出了"近邻规整折叠链模型",该模型奠定了结晶聚合物的研究基础。

1.2.1　近邻规整折叠链模型

Keller 认为聚合物在结晶时分子链是弯折的(图 1.3(a))。在一定条件下,聚合物的分子链在分子间引力的驱动下聚集在一起,彼此平行排列形成"链束",链束的长度可以超过单根分子链的链长。显然,由柔软分子链组成的链束能量很高,不稳定,为降低表面能和比表面积,链束将进行弯折,形成带状结构,称为"链带"。为进一步降低体系的能量,这些链带彼此靠近紧密堆砌,最终形成了具有特殊形状的单晶。

近邻规整折叠链模型虽然对结晶过程的解释过于简单,有很多细节没有阐述清楚,但是,高分子链在结晶过程中会发生弯折的观点却被学界普遍接受,后续结晶聚合物结构模型的局部修改和完善都是在此基础上进行的。事实上,自 Keller 提出该模型的半个多世纪以来,学术界对结晶聚合物的模型始终存在争议,至今也没有统一的解释。

下面分析近邻规整折叠链模型是否可以对单晶的 4 点共性做出合理解释。由于分子链每隔 10 nm 弯折一次,所以单晶片的厚度为 10 nm 左右,且与分子量没有关系。分子量大的聚合物,结晶尺寸会更大,水平方向可以达到微米级。从图 1.3(a) 可以看到单晶沿水平方向生长,而分子链延伸的方向则是竖直方向,符合电子衍射结果。近邻规整折叠链模型中的分子链虽然规整折叠,但弯折部分就是晶片中的缺陷。因此,高分子单晶不可能像小分子一样完全结晶。对称度极高、规整性极好的高密度聚乙烯结晶度可达 98%,但是也无法实现 100% 结晶。

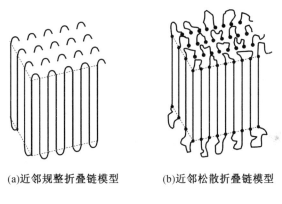

(a)近邻规整折叠链模型　　(b)近邻松散折叠链模型

图 1.3　　结晶聚合物结构模型

1.2.2　近邻松散折叠链模型

近邻规整折叠链模型为聚合物结晶的研究指明了正确的方向,其后很多学者根据自己的实验结果不断对该模型进行修正。比较有代表性的是 20 世纪 60 年代 Fisher 提出的"近邻松散折叠链模型"。

Fisher 用发烟硝酸刻蚀掉了聚乙烯单晶片的表面,发现内部结晶度明显高于初始单晶片。这就表明初始单晶片表面的有序度一定很低;只有这样,将其去除后残留单晶片的有序度才会明显提高。据此,Fisher 认为单晶表面的分子链不可能像近邻规整折叠链模型一样规整折叠,弯折处的分子链一定是非常疏松且无序的,其结构如图 1.3(b) 所示。近邻松散折叠链模型很好地描述了单晶表面分子链的无序状态,是目前解释单晶形成的常用模型。

1.2.3 插线板模型

"插线板模型"是由 Flory 提出的。他的实验基础来自于聚乙烯熔体结晶过程的半定量计算。根据理论计算结果，聚乙烯分子链在熔体中的松弛时间非常长，而实验中观测到聚乙烯的结晶速度又非常快，二者是矛盾的。因此 Flory 认为结晶时聚乙烯分子链的构象根本来不及规整折叠，而是在原构象基础上稍做调整后立刻形成晶区。Flory 将插线板模型用于解释多层晶片的形成，认为形成多层晶片时一根分子链可以从一层晶片穿过非晶区进入另一层晶片，也可以折回到原来的晶片中(图 1.4(a))。晶片内相邻排列的链段可能是同一根分子链中非邻近的部分，也可以来自两条不同的分子链。同近邻松散折叠链模型一样，Flory 认为晶片表面的分子链无规聚集形成松散的非晶区(图 1.4(b))。不同之处在于，近邻松散折叠链模型中，弯折部分一定要回到原晶片中；而插线板模型中，松散无序的分子链是可以进入另一层晶片的。从图 1.4(b) 中可以看到，晶片表面的分子链十分混乱，很像老式电话机中的插线板，这也是插线板模型名称的由来。

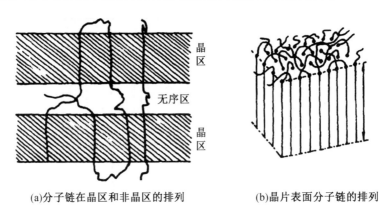

(a)分子链在晶区和非晶区的排列   (b)晶片表面分子链的排列

图 1.4　Flory 插线板模型

Flory 的插线板模型在 20 世纪 60 年代提出后，人们很快为其找到了实验证据。20 世纪 70 年代，研究人员根据中子衍射的数据，发现聚合物晶体中分子链的均方回转半径与结晶前熔体的均方回转半径数值几乎一致，证明分子链在熔体和晶体中的构象相似，这就验证了 Flory 关于"熔体中分子链的构象来不及调整而直接结晶"的推测。更直接的证据来自 TEM 的观测结果：研究人员将聚乙烯与石蜡混合后进行结晶。石蜡是一种小分子，无法进入分子链紧密堆砌的结晶区，只能渗入分子链松散的非晶区。将石蜡萃取后，在 TEM 下直接观测残余样品，可以看到由分子链所连接的各个晶区(图 1.5)，这就证明了插线板模型中所提到的"形成多层晶片时一根分子链可以从一层晶片穿过非晶区进入另一层晶片，也可以折回到原来的晶片中"的正确性。

图 1.5 石蜡被萃取后聚乙烯多层晶片的 TEM 照片

1.3 非晶聚合物的结构模型

与结晶聚合物相对应的是非晶聚合物,分子链非规整堆砌形成非晶区。人们对非晶聚合物的认知也是逐渐进步的,目前学术上关于非晶聚合物的结构模型一直存在两种观点:一种认为在非晶区高分子链的堆砌是完全杂乱无章的,没有任何有序性;另一种则认为,在非晶区高分子链的堆砌仍有部分有序性。这两种观点的代表模型分别为 Flory 提出的无规线团模型和 Yeh 提出的两相球粒模型(图 1.6)。

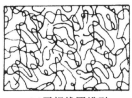　

(a)无规线团模型　　　　　　(b)两相球粒模型

图 1.6 非晶聚合物的结构模型

A— 有序区;B— 粒界区;C— 粒间相

1.3.1 无规线团模型

无规线团模型由 Flory 于 1949 年提出。他认为非晶聚合物中分子链是完全无序的,每根高分子链的构象都和在溶液中一样,呈无规线团状。在非晶区,各条分子链之间可以相互贯通,彼此缠结,但不存在任何局部有序,所以整个非晶固体是均相的(图 1.6(a))。

无规线团模型有大量的实验证据支持:① 高弹性是高分子区别于其他材料所独有的性质,橡胶的弹性理论就是建立在无规线团模型基础上的。如果橡胶中存在有序区,那么随着稀释剂的加入有序区会被破坏,此时橡胶的一些基本参数和性质,如弹性模量、应力－温度之间的关系,会出现反常变化。然而,实验结果表明这些参数并没有随着稀释剂的加入而改变,这就说明在橡胶中没有有序区的存在。② 人们发现在非晶聚合物的本体和溶液中,辐射交联的概率几乎一致。如果非晶聚合物本体中存在有序区且出现结晶,由于分子链的紧密堆砌,辐射交联的难度相对于溶液会增大。③ 小角中子散射实验结果表明,非晶聚合物在本体和溶液中的均方回转半径相近,说明聚合物本体和溶液中分子链呈现几乎相同的构象,这为无规线团模型提供了另一个有力的证据。

1.3.2　两相球粒模型

与无规线团模型相对的另一种观点认为,非晶聚合物中也可以存在局部有序区,代表性模型就是 Yeh 于 1972 年所提出的两相球粒模型。在这个模型中(图 1.6(b)),Yeh 认为非晶聚合物存在一定程度的局部有序,这种有序还没有达到结晶的程度。非晶区可以划分为粒间相(无规线团)和粒子相,粒子相可以进一步分为有序区(分子链平行排列区域,尺寸为 2~4 nm)和粒界区(分子链折叠弯曲部分、链端缠结点和连接链等)。一根分子链可以穿过数个粒子相和粒间相。

两相球粒模型也得到了实验证据的支持:① 通过理论计算可以得到无规线团的密度;然而,实测非晶聚合物的密度要比理论计算数值高,这就说明非晶区中可能存在规则有序区。② 许多聚合物的结晶速度很快。如果非晶态中没有任何的有序区域,那么在极短时间内结晶是十分困难的;而两相球粒模型中的有序区则为结晶的快速发展准备了条件。③ 某些聚合物在缓慢冷却或退火时密度增大,原因在于粒子相中的有序区会通过分子链构象的调整越来越大,有时甚至可以在电子显微镜下直接观察到冷却时粒子相尺寸的增大。

是否存在局部有序一直是两种观点争论的焦点。在这里,首先界定"局部"的尺寸是多大。一般来说,局部有序的尺寸要限定在统计链段尺寸到 5.0 nm 范围内,而远程尺寸通常大于 10 nm。作为无规线团模型重要的实验支撑,小角中子散射的有效测试范围在 10 nm 以上,属于远程尺寸的范围。也就是说,该表征手段对小于 10 nm 的区间通常是不敏感的,而两相球粒模型恰好认为有序区的范围应在 2~4 nm,显然属于小角中子散射的盲区。因此,在整个无序区内存在一些小尺寸有序区是可能的。然而,在这么小的尺寸下,出现分子链平行排列的现象是理所当然的,这么小的尺寸还远没有达到晶区的要求,整体上看高分子链还是处于非晶态。换言之,即使在非晶聚合物中存在有序区,也并不意味着要否定真正非晶态完全无序的无规线团模型。目前,这两种观点的争论仍在持续,随着科技的进步和表征手段的发展,研究人员会对非晶聚合物结构模型和结晶聚合物结构模型有更新更全面的认识。

1.4　聚合物的热机械曲线

日常生活中人们有这样的经验:常温下橡胶拖鞋即使被用力弯折 90°,松开手后依旧可以完好如初;而如果将橡胶拖鞋放在我国北方冬夜室外一段时间,再去弯折,拖鞋很容易就被折断了。从微观角度上解释,原因在于高分子链的运动单元发生了改变,导致常温下弹性很好的橡胶在低温下转变成了又硬又脆的塑料,从而造成了宏观性质的巨大差异。

高分子的运动单元相对于小分子来说是十分复杂的,大致可以分成 3 个单元:① 包括键长、键角、侧基和侧链在内的小单元;② 运动具有相关性的若干个结构单元所构成的链段(关于链段的概念,在第 2 章会详细介绍),即局部链段;③ 整条分子链。在不同的温度区间,有些结构单元的运动是被激活的,而另一些则是被冻结的。小单元即使在极低的温度下,仍然可以运动。链段和分子链必须达到一定温度才可以运动,整条分子链开始运动所需的温度显然高于局部链段。

做一个简单的实验:找一段非晶聚合物的样条,在底部挂一个砝码,然后将其放在一个可程序控温的烘箱内,逐渐升温并在不同温度下测试样条的尺寸,就可以绘制出聚合物样条的温度－形变关系曲线,该曲线也被称为热机械曲线。对于典型的非晶聚合物,曲线的形状通常如图 1.7 所示。

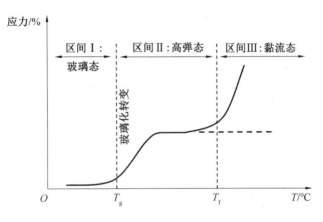

图 1.7　非晶聚合物的热机械曲线

在这条曲线上,有三个不同力学状态区间和两个转变温度,这就是高分子中著名的"三态两转变"。在温度较低的区间 Ⅰ 内,高分子表现出类似刚性固体的特性,硬度很高,模量很大,难以形变;当外力撤去后形变立即恢复;这个区间被称为玻璃态,高分子的运动单元只有小单元,对应高分子为塑料。区间 Ⅱ 被称为高弹态或橡胶态,随着温度的升高,链段的运动被激活;此时高分子的模量变小,在很小的外力下就可以产生巨大的形变;当外力撤去后形变可以恢复,对应的高分子为橡胶;进一步升高温度,高分子将成为可流动的熔体;在外力作用下,整条分子链开始运动;此时撤去外力后高分子的形变是不可逆的。区间 Ⅲ 为黏流态,高分子的成型加工通常在此区间完成。

高分子的三个力学状态之间存在着两个转变温度。图 1.7 中,玻璃态和高弹态之间的转变,称为玻璃化转变(glass transition),对应的温度称为玻璃化转变温度(T_g),简称玻璃化温度。高弹态和黏流态之间的转变温度称为黏流温度（T_f）。玻璃化温度是链段开始运动或冻结的温度，而黏流温度则是整条分子链开始运动或冻结的温度。

再来看橡胶拖鞋的例子。制备拖鞋的高分子材料为橡胶，其玻璃化温度 T_g 低于室温，因此在常温下使用时处于高弹态，有非常好的弹性，可以任意弯折变形。我国北方冬夜室外的温度低于橡胶的玻璃化温度 T_g，把拖鞋放在室外一段时间后，高分子将从高弹态过渡到玻璃态，链段的运动被冻结，此时拖鞋表现出像塑料一样又硬又脆的宏观性质，因而容易被折断。类似的例子在日常生活中还有很多，比如一段塑料被逐渐加热到某一温度后就开始软化，原本很难拉伸的塑料在外力作用下很容易产生形变，原因就在于此时的温度已经越过玻璃化温度 T_g，链段的运动被激活，塑料转变成了橡胶。

1.5 聚合物的高弹性和黏弹性

与金属和陶瓷等无机材料相比，高分子具有很多自身独有、无可替代的性质，其中最重要的就是高弹性和黏弹性。

1.5.1 聚合物的高弹性

在热机械曲线上，当温度处于玻璃化温度 T_g 和黏流温度 T_f 之间时，高分子材料处于高弹态。在此区间内，很小的外力就可以使高分子产生巨大的形变；一旦外力撤去，形变恢复。这种大形变的可逆性就是聚合物的高弹性。一般来说，无机小分子材料的可逆形变通常不超过自身尺寸的 1%，而聚合物高弹性所表现出来的尺寸变化可以轻易达到自身长度的十几倍甚至上百倍，这在实际应用中是非常宝贵的。

然而，并不是所有高分子都具有高弹性，只有满足一定条件的高分子材料才能展现出大形变的可逆性。高弹性的本质是在外力作用下，分子链自身构象的改变。因此，分子链一定要足够长才能表现出高弹性，小分子是没有高弹性的。此外，高弹性还与分子链的柔顺性密切相关（柔顺性将在第 2 章中介绍）。越柔顺的高分子链，构象改变越容易，相同外力作用下的形变也就越大。一般来说，分子链越柔顺，玻璃化温度 T_g 越低。橡胶的玻璃化温度 T_g 须低于室温，室温使用时处于高弹态，具有非常好的弹性；而塑料的玻璃化温度 T_g 须高于室温，室温使用时处于玻璃态，具有很高的模量和强度。最后，可逆性是高弹性的必备条件。线型聚合物在外力作用下，分子链通过构象的改变沿外力方向取向；长时间作用后，分子链彼此之间会出现不可逆的滑移，从而引起无法恢复的形变，这显然不满足高弹性的条件。只有交联后，分子链之间的滑移被交联点限制，撤去外力后，在熵增的驱动下，分子链构象才会恢复到初始状态（图 1.8）。

聚合物的高弹性还有很多与无机小分子普弹性迥异的特性。内能改变是小分子发生普弹形变的主要原因；然而，聚合物发生高弹形变时，内能并不起主要作用，构象改变引起

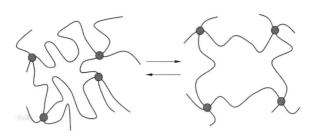

图 1.8　高弹性：大形变的可逆性

的熵增才是回弹的主要驱动力,因此高弹性的本质是熵弹性,而非能弹性。打造铁制器械时需要在高温下进行,因为温度越高,金属的模量越小,越容易变形;而高弹性却刚好相反,聚合物的弹性模量随温度的升高而增加,这一点将在第 2 章中进行详细讨论。此外,对金属材料进行快速绝热拉伸时温度是下降的,而高分子材料的温度却是升高的。

1.5.2　聚合物的黏弹性

黏弹性是聚合物的又一独特性质,它实际是黏性和弹性的统一。提到黏性,首先想到的是胶水。在外力的作用下,胶水会随着时间的延长而逐渐改变自身形状,永久黏附在物体上,且形变不可恢复。提到弹性,会想到理想弹簧,在外力作用下,理想弹簧的形状瞬间改变,一旦撤去外力,形变立即恢复。实际上,任何材料都同时具有黏性和弹性,只是表现程度不同。处于玻璃化温度 T_g 和黏流温度 T_f 之间的非晶聚合物表现出高弹性,却不是理想弹性体;处于黏流温度 T_f 以上的非晶聚合物表现出黏流性质,却不是理想黏性体。通常聚合物受到外力作用时产生的形变恰好介于理想弹性体和理想黏性体之间。在常温和外力作用下,黏性和弹性的表现都非常突出,黏弹性十分典型。聚合物的黏弹性分为静态黏弹性和动态黏弹性,前者受到的外力是恒定的,而后者受到的外力是周期性变化的。静态黏弹性通常表现为蠕变和应力松弛,动态黏弹性通常表现为滞后和力学损耗,这里主要介绍静态黏弹性。

1.蠕变

蠕变是在恒温下施加恒定外力时,聚合物的形变随时间延长而逐渐增大的力学现象。将毛衣挂在衣架上,时间久了会发现毛衣变长,这就是编织毛衣的纤维在自身重力作用下发生蠕变所导致的。

下面从微观角度分析蠕变产生的原因(图 1.9)。

(1)当分子链在 t_1 时刻受到外力 σ_0 作用时,高分子链的键长和键角等小单元瞬间做出响应,产生形变 ε_1;这种普弹形变可以看作理想形变,满足胡克定律;由小单元运动造成的形变并不大;t_2 时刻一旦外力撤去,同理想弹簧一样,形变立即恢复。

(2)当聚合物受力时,高分子链通过链段运动也会产生形变 ε_2,这种高弹形变比普弹形变大得多;但高弹形变不能瞬间完成,形变量与时间相关;外力撤去后,高弹形变也不会瞬间恢复,而是在一段时间内逐渐恢复。

(3)聚合物受力时,分子链的质心发生移动,彼此之间出现相对滑移,从而产生黏性流动;外力撤去后,黏性流动不能恢复,由此造成了永久的不可逆形变ε_3。

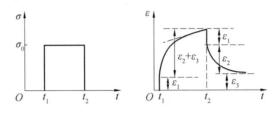

图 1.9　聚合物的蠕变

ε_1— 小单元形变;ε_2— 链段形变;ε_3— 分子链形变

聚合物受力时,3 种结构单元同时运动,所以最终分子链的运动将是普弹形变、高弹形变和黏性流动的叠加。线型聚合物经过一段时间的外力作用后撤去外力,其普弹形变和高弹形变是可以恢复的,然而整条分子链的黏性流动却发生了不可逆的形变,这就是蠕变产生的原因。

聚合物的抗蠕变性能反映了材料的尺寸稳定性和长期负载能力。日常生活中,因蠕变而造成的不可逆形变在高分子材料中非常普遍,如输水或输油管道被水流和石油长时间冲刷,日积月累就会蠕变。为了保持高分子材料的稳定性,必须提高它们的抗蠕变能力。相比于柔性链,主链中含有苯环等芳香环的刚性链抗蠕变能力更突出,因此被广泛应用于工程塑料中。此外,对分子链进行交联是提高抗蠕变能力的重要手段,交联点的存在可以有效阻止分子链间的相对滑移,从而确保撤去外力后形变的完全恢复。这就是为什么天然橡胶只有交联后才具有使用价值。

2.应力松弛

应力松弛和蠕变是一个问题的两个方面。蠕变是保持外力不变,材料的形变会逐渐增加;而应力松弛则是在恒温下保持恒定的形变,材料的应力随时间而逐渐减小的力学现象。用高分子扎带捆绑物体,经过一段时间后会发现原本紧扎的扎带变得松垮;电梯两侧的橡胶扶手长时间使用后无法与电梯紧扣……这些都是应力松弛造成的结果。

从微观角度分析应力松弛产生的原因:当高分子在外力作用下刚刚产生形变时,分子链的构象来不及调整,处于不平衡态,是不稳定的;当形变长时间保持恒定时,构象将通过链段和分子链的运动逐渐恢复到平衡态,也就是链段和分子链沿着外力方向运动以减小甚至完全消除内部应力。

对于线型高分子,如果时间足够长,分子链间的滑移会导致内部应力逐渐松弛到零;对于交联高分子,由于交联点限制,分子链间无法相对滑移,所以内部应力松弛到一定程度后不再继续下降(图 1.10)。由此可见,蠕变和应力松弛的本质原因都是分子链构象的重排和分子链的运动。构象重排和分子链运动都与温度紧密相关。如果温度过高,链段运动受到的内摩擦力很小,应力迅速松弛,很难观测,如对于处于黏流态的高分子,很难观察到应力松弛现象。反之,如果温度过低,链段运动所受到的内摩擦力非常大,应力松弛虽然发生但十分缓慢,短时间内很难察觉。只有在玻璃化温度 T_g 附近,聚合物的蠕变和应力松弛现象才是最明显的。

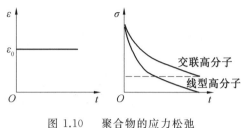

图 1.10　聚合物的应力松弛

课 后 习 题

1.列举日常生活和科研领域常用的 10 种高分子材料。

2.阐述近邻规整折叠链模型和近邻松散折叠链模型。

3.比较近邻松散折叠链模型和插线板模型的区别。

4.比较无规线团模型和两相球粒模型的区别。

5.论述热机械曲线上的"三态两转变",以及各个状态下的主要运动单元及力学性能特点。

6.运用热机械曲线解释日常生活中"塑料"和"橡胶"之间的转变现象。

7.下列 4 种高聚物中,玻璃化温度 T_g 最高的是哪种?

　A.聚二甲基硅氧烷　　B.聚丙烯腈　　C.聚乙炔　　D.聚苯乙烯

8.什么是聚合物的高弹性?列举日常生活中聚合物呈现高弹性的例子。

9.什么是聚合物的蠕变?从分子链运动角度解释造成蠕变的本质原因。列举日常生活中聚合物蠕变的现象。

10.什么是聚合物的应力松弛?交联高分子和线型高分子应力松弛的差别是什么?列举日常生活中聚合物的应力松弛现象。

参 考 文 献

[1] 何曼君,张红东,陈维孝,等. 高分子物理[M]. 3 版.上海:复旦大学出版社,2007.

[2] 王槐三,寇晓康. 高分子物理教程[M]. 北京:科学出版社,2008.

[3] 钱保功,王洛礼,王霞瑜. 高分子科学技术发展简史[M]. 北京:科学出版社,1994.

[4] BOWER D I. An introduction to polymer physics[M]. Cambridge:Cambridge University Press,2002.

〔5〕TADOKORO H.Stucture of crystalline polymers〔M〕. New York：Wiley，1979.

〔6〕吴其晔,张萍,杨文君,等. 高分子物理学〔M〕. 北京：高等教育出版社,2011.

〔7〕华幼卿,金日光. 高分子物理〔M〕. 5 版.北京：化学工业出版社,2019.

〔8〕刘凤岐,汤心颐. 高分子物理〔M〕. 2 版.北京：高等教育出版社,2004.

〔9〕何平笙. 高聚物的力学性能〔M〕. 3 版.合肥：中国科学技术大学出版社 2021.

第2章　高分子的链结构

  材料的结构对性能具有决定性影响。研究高分子,很重要的一点就是要掌握结构与性能之间的关系,只有这样才能设计具有特定性能的高分子材料,或对已有材料的性能进行有目的的改进。那么,高分子结构研究的内容有哪些呢? 在回答这个问题之前,需要把高分子的结构层次弄清楚。

  高分子具有比小分子更复杂的结构层次(图 2.1),如果以单根分子链为研究对象,这个结构层次就是高分子链结构。如果以大量高分子链堆砌在一起所形成的材料作为研究对象,这个结构层次就是高分子聚集态结构(或凝聚态结构)。高分子链结构又可以进一步划分为近程结构和远程结构。通常,近程结构被称为一级结构,远程结构被称为二级结构;相应地,聚集态结构被称为三级结构。

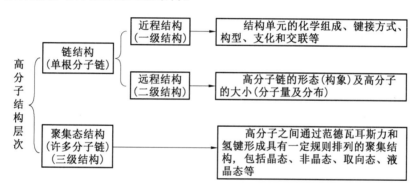

图 2.1　高分子的结构层次

  高分子是大量结构单元($10^3 \sim 10^5$ g/mol)通过化学键依次键接而形成的,每一个结构单元都可以近似地看成一个小分子。组成高分子结构单元的种类以及结构单元之间键接方式的差异,使高分子链结构十分复杂。高分子链的化学组成、键接方式、构型、支化和交联等问题是近程结构所研究的主要内容。

  构成高分子主链的 σ 单键是可以绕轴旋转的。由于热运动,成千上万个 σ 单键同时旋转,造成分子链的形态时刻改变,因此高分子链具有柔顺性,这也是高分子区别于金属、陶瓷和有机小分子所特有的性质。如何评价高分子链的柔顺性,是远程结构的主要研究内容。此外,对于远程结构,另一个重要的研究内容是分子链尺寸的大小,也就是分子量和分子量分布的问题。

  高分子链由大量结构单元组成,形态又时刻改变,那么如何对高分子链进行研究呢? 在本章中,除了介绍用统计方法确定高分子链均方末端距、均方回转半径和末端距分布等问题外,还要引入分形理论,了解高分子理想链的自相似性和分形维数等问题,为后面真实链的学习奠定基础。

2.1 高分子链的近程结构

2.1.1 高分子链的化学组成

根据高分子链的化学组成,可以简单地把高分子分成几个大类。

1.碳链高分子

主链全部由碳原子通过共价键连接而形成的高分子称为碳链高分子,如聚乙烯、聚苯乙烯、聚丙烯等。碳链高分子中,侧基可以含有其他原子,如聚氯乙烯和聚丙烯酸甲酯等。碳链高分子一般可以通过加聚反应合成。

2.杂链高分子

主链上除了碳原子以外还含有氧、硫和氮等原子,并以共价键连接而形成的高分子称为杂链高分子,如聚酯类高分子主链含有氧原子、聚砜类高分子主链含有硫原子。杂链高分子主要通过缩聚及开环聚合反应合成。

3.元素高分子

由碳原子以外的原子通过共价键连接而形成主链的高分子称为元素高分子。如果元素高分子的侧基上含有有机基团,则被称为元素有机高分子,如聚二甲基硅氧烷(图2.2(a))。如果元素高分子的侧基上不含有机基团,则被称为无机高分子,如聚二氯磷腈(图 2.2(b))。

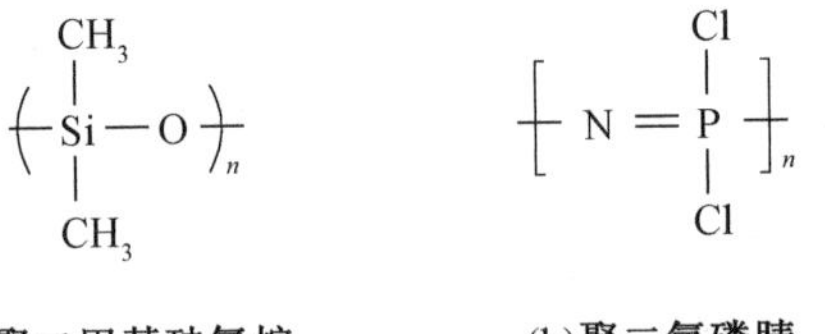

(a)聚二甲基硅氧烷　　　　(b)聚二氯磷腈

图 2.2　聚二甲基硅氧烷和聚二氯磷腈的结构式

2.1.2 高分子链的键接结构

单体在聚合反应中,结构单元会按照某种方式彼此连接形成主链。缩聚和开环聚合反应中,官能团间的反应是确定的,结构单元的键接方式很明确。然而,在加聚反应中,由于单体的键接方式不同会产生同分异构体,这种同分异构现象称为键接异构。以氯乙烯的加成聚合为例,通常会有以下三种情况(图 2.3)。

1.头 — 尾键接

如果把结构单元中不连接取代基的 C 原子称为"头",连接 Cl 原子的 C 原子称为"尾",就会发现在这种链结构中,每一个结构单元的"头"总是和另一个结构单元的"尾"相连(图 2.3(a))。在自由基聚合中,由于空间位阻效应,头 — 尾键接是聚氯乙烯的主要产物。

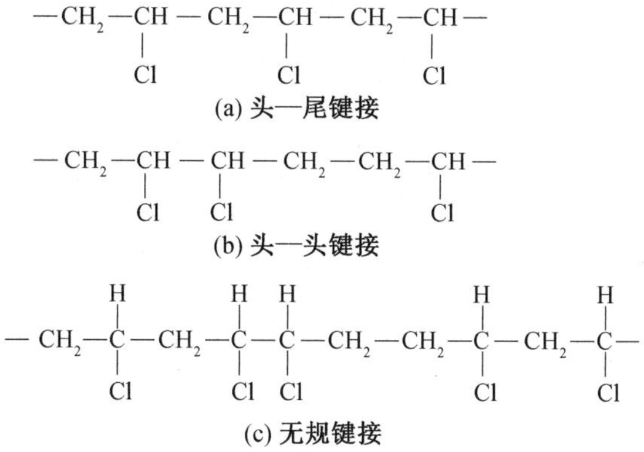

$$-CH_2-CH-CH_2-CH-CH_2-CH-$$
$$\qquad\quad | \qquad\qquad\quad | \qquad\qquad\quad |$$
$$\qquad\quad Cl \qquad\qquad\quad Cl \qquad\qquad\quad Cl$$
(a) 头—尾键接

$$-CH_2-CH-CH-CH_2-CH_2-CH-$$
$$\qquad\quad | \qquad\quad | \qquad\qquad\qquad\quad |$$
$$\qquad\quad Cl \qquad\quad Cl \qquad\qquad\qquad\quad Cl$$
(b) 头—头键接

$$-CH_2-\overset{H}{\underset{Cl}{C}}-CH_2-\overset{H}{\underset{Cl}{C}}-\overset{H}{\underset{Cl}{C}}-CH_2-CH_2-\overset{H}{\underset{Cl}{C}}-CH_2-\overset{H}{\underset{Cl}{C}}-$$
(c) 无规键接

图 2.3　头 — 尾键接、头 — 头键接和无规键接的聚氯乙烯片段

2.头 — 头(尾 — 尾) 键接

这种链结构中,每一个结构单元的"头"总是和另一个结构单元的"头"相连,每一个结构单元的"尾"总是和另一个结构单元的"尾"相连。在自由基聚合中,头 — 头键接不是主要方式,是因为空间位阻效应导致反应活化能较高。如果升高反应温度,产物中头 — 头键接高分子链的比例会增多。

3.无规键接

顾名思义,在这种链结构中"头"和"尾"的连接顺序是没有任何规律的。

键接异构造成聚合物在原子组成相同的情况下仍存在不同的化学结构。在第 1 章绪论中,介绍了材料的结构会对性能产生决定性的影响;结构是性能的基础,而性能则是结构的宏观表现。可以推测,键接异构体的宏观性能也会有很大差异。由聚乙烯醇和甲醛缩合制备维尼纶时,只有头 — 尾键接结构才能使羟基易于同甲醛缩合成环;而头 — 头键接结构不易缩醛化,导致很多羟基依旧留在分子主链上,既增加了维尼纶纤维的缩水性,又降低了纤维的力学强度。

2.1.3　高分子链的构型

构型是指分子中由化学键所固定的原子在空间的几何排列,构型不能用物理方法改变,改变构型必须通过化学键的断裂和重组,也就是说一定要发生化学反应。前面已经讨论了键接方式不同所产生的异构现象,下面要介绍的是即使键接顺序相同的高分子,因为侧基立体位置不同也会产生异构现象。

1.旋光异构

小分子中,不对称C原子(或手性C原子)存在,会引起异构现象。两个异构体互为镜像对称,各自表现出不同的旋光性,故称为旋光异构体。在高分子的结构单元中,也有手性C原子存在。由于高分子是由众多结构单元依次键接而形成的,因此整条分子链可以看作由众多的旋光异构体连接而成。这些旋光异构体的连接方式通常有三种。以单取代烯烃为例(图2.4),将由手性中心组成的C—C主链拉成锯齿形,使之处在一个平面内。

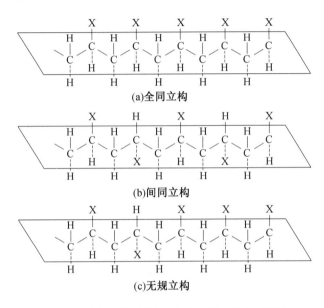

图 2.4　全同立构、间同立构和无规立构的示意图

(1) 全同立构。

倘若取代基X全部位于平面的同侧,这种旋光异构称为全同立构。

(2) 间同立构。

倘若取代基X交替分布于平面的两侧,这种旋光异构称为间同立构。

(3) 无规立构。

倘若取代基X无规则地分布于平面的两侧,这种旋光异构称为无规立构。

以异戊二烯为例,若进行1,2或3,4加聚,将得到一个含有手性中心的结构单元,会产生全同立构、间同立构和无规立构三种旋光异构聚合物(图2.5)。

全同立构和间同立构的高分子有时统称为等规高聚物,其特点是分子链排列整齐,很容易结晶;而无规立构高分子由于分子链的有序性差,一般很难结晶。分子结构的不同导致聚合物在实际应用中表现出性能的巨大差异。如全同立构和间同立构聚丙烯是重要的塑料材料,而无规立构聚丙烯则是一种橡胶状的弹性体,几乎没有使用价值。通常用等规度(或立构规整度)定量描述聚合物分子链的有序程度,它是指全同立构和间同立构聚合

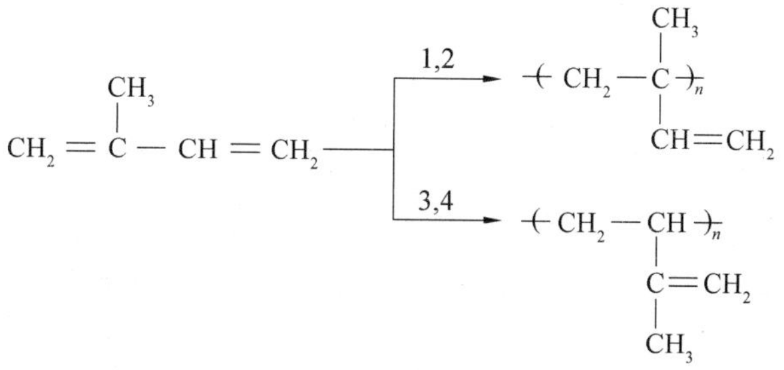

图 2.5　进行 1,2 或 3,4 加聚的异戊二烯

物占聚合物总量的百分比。

与旋光异构小分子不同,人工合成的高分子链虽然含有很多手性中心,然而由于内消旋和外消旋作用的存在,即使是全同或间同立构的聚合物,对外也很难表现出旋光性。这也是高分子旋光异构体和小分子旋光异构体的一个重要区别。

2.顺反异构

共轭二烯烃的单体中含有两个 C=C,聚合后在结构单元中可能保留一个 C=C。基团在双键两侧排列方式的不同会导致顺式构型和反式构型,这种异构被称为顺反异构。如果取代基全部在双键的同一侧,为顺式异构体;反之,取代基在双键的两侧,为反式异构体。

以 1,3 丁二烯为例,进行 1,4 加聚,结构单元中将会保留一个 C=C,从而产生顺反异构(图 2.6)。图 2.5 中的异戊二烯如果进行 1,4 加聚,也会产生顺反异构体。

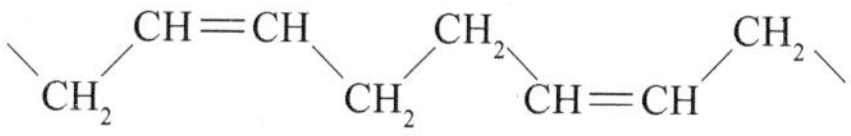

(a) 顺式聚合物

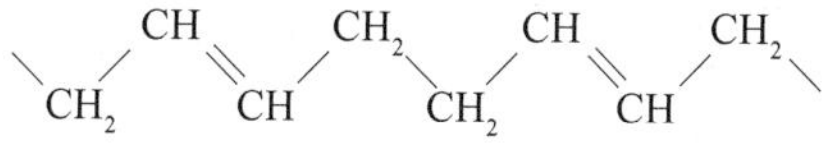

(b) 反式聚合物

图 2.6　顺式 1,4 聚丁二烯和反式 1,4 聚丁二烯

顺反异构对最终聚合物的性能也有很大影响。顺式 1,4 聚丁二烯,分子链之间的间距较大,不容易结晶,是平时常见的橡胶。反式 1,4 聚丁二烯,分子链排列紧密,很容易结晶,常温下是一种弹性很差的塑料。

2.1.4　分子链的支化与交联

1.线型高分子

一条高分子链如果只含有首端和末端两个端基,则称为线型链。线型链分子间没有化学键的连接,既可以溶解在合适的溶剂里,又可以在高温下熔融,易于加工成型,热塑性高分子中很多都是线型高分子。

2.支化高分子

如果缩聚过程中有三个或三个以上官能团的单体存在,加聚过程中有自由基的链转移反应或双烯类单体中的第二双键活化等情况发生,就会产生支化和交联。支化和交联高分子通常都含有多个端基。图 2.7 所示为几种线型、支化和交联高分子的拓扑结构。

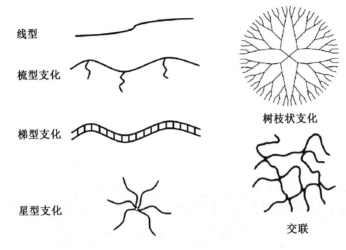

图 2.7　几种线型、支化和交联高分子的拓扑结构

由于支化高分子链间没有化学键的结合,所以支化高分子的性质与线型高分子相似,可溶可熔,能够进行加工成型。然而,支化破坏了高分子链的规整性,导致高分子链的结晶性能下降,进而影响到高分子材料的物理化学性质。如低密度聚乙烯(LDPE)的密度、结晶度和熔点都低于高密度聚乙烯(HDPE),见表 2.1。

表 2.1　低密度聚乙烯、高密度聚乙烯和交联聚乙烯的物理化学性质

性质	低密度聚乙烯	高密度聚乙烯	交联聚乙烯
密度 /(g·cm^{-3})	0.91～0.93	0.93～0.965	0.95～1.40
结晶度 /%	60～70	95	—
熔点 /℃	105	135	—
拉伸强度 /MPa	7～15	20～37	10～21
最高使用温度 /℃	80～100	120	135
用途	软塑料制品、薄膜	硬塑料制品、工程塑料、板材、管材	耐热绝缘材料、电线电缆包覆物

聚乙烯是世界年产量最大的高分子,2021 年的产量已经突破了 1 亿 t。高密度聚乙烯由质量分数为 99.95％的乙烯单体以 Ziegler－Natta 引发剂通过低压聚合得到,又称低压聚乙烯。其分子结构中支链较少,结晶度非常高,可以达到 95％ 以上(图 2.8),这在高分子材料中是非常罕见的。高密度聚乙烯密度较大,为 0.93～0.965 g/cm³,是一种无毒

无味的白色颗粒,具有良好的耐热性、耐寒性、化学稳定性、刚性和韧性,机械强度优异。其注塑制品主要用于饮料箱体、工程零部件;薄膜制品用于重型包装膜;管材制品用于双壁波纹管、天然气管和固体输送管等;单丝制品主要用于渔用网具、网绳和网箱等。与高密度聚乙烯相对应的低密度聚乙烯最早由英国帝国化学公司经高压自由基聚合制得,因此也被称为高压聚乙烯。由于链转移反应,其主链上存在很多支链(图 2.8),这就破坏了分子结构的对称性和规整性,导致结晶度远低于高密度聚乙烯,其密度为 0.91 ～ 0.93 g/cm³。低密度聚乙烯为无毒无味的乳白色颗粒,主要用于农膜、包装膜、电线和电缆绝缘层等。

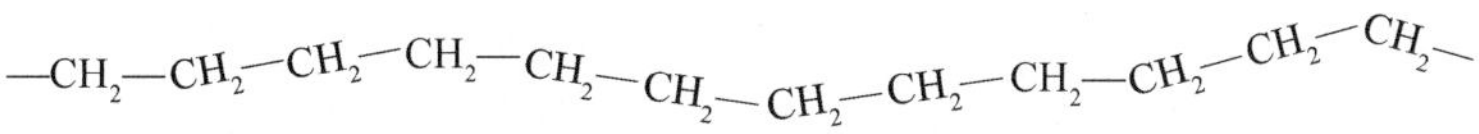

—CH₂—CH₂—CH₂—CH₂—CH₂—CH₂—CH₂—CH₂—CH₂—CH₂—

(a) HDPE

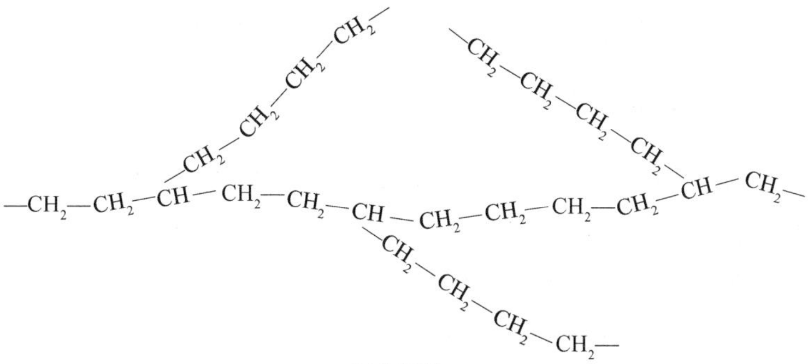

(b) LDPE

图 2.8   高密度聚乙烯和低密度聚乙烯

对于支化高分子,通常以支化点密度或两相邻支化点间链的平均分子量来表示支化程度。显然,单位体积内支化点密度越大、相邻支化点间链的分子量越小,分子链的支化程度越高。然而这两个参数通常很难测试,因此也用具有相同分子量的支化高分子与线型高分子在理想状态下的平均尺寸之比或特性黏度之比来衡量支化的程度。因为支化高分子的分子链排列更紧凑,所以支化程度越高,上述比值越小。

3.交联高分子

高分子链之间通过化学键连接成三维网状大分子时即为交联高分子,同线型和支化高分子相对应,交联高分子又被称为体型高分子(图 2.7)。交联高分子中,主链之间由共价键连接,所以既不能在溶剂中溶解,也无法在高温下熔融(一旦完全溶解和熔融,分子链就要断裂而发生化学反应)。对于交联高分子,必须在交联网络形成之前(凝胶点之前)完成合成或加工成型过程。一旦形成交联网络,其状态就无法再改变了。这虽然给高分子的加工成型带来了很大困难,但是交联后高分子的许多物理化学性能会有明显提高(表2.1)。

通过化学交联让高分子材料"重获新生"最典型的例子莫过于橡胶硫化技术的发

明。天然橡胶通常为线型高分子,面临力学强度低、弹性小、低温时发硬、高温时发黏和容易老化等诸多缺陷。1839 年,美国学者 Goodyear 将天然橡胶硫化后,改善了橡胶制品的各项性能,从而满足了产品使用所需的物理、力学和耐热等性能,极大地促进了橡胶工业的发展及橡胶产品的应用。此外,人们在日常生活中所使用的环氧树脂、酚醛树脂和有机硅树脂等热固性高分子,都是因为高度交联的结构才表现出优异的力学和耐热性能。

交联网络结构除了通过分子内和分子间的共价键形成外,也可以通过分子间的物理连接形成,如离子簇、结晶、微相,甚至分子链的机械缠结。区别于共价键所构成的化学交联网络,这种非共价键的物理交联网络是可以溶解和熔融的,且在一定条件下交联结构是可逆的。在下面介绍嵌段共聚物 SBS 树脂时,会介绍物理交联。

对于交联高分子,通常用相邻两个交联点之间分子链的平均分子量 M_c 或交联结构单元占总结构单元的分数(每一结构单元交联的概率)来表示,前者称为交联度,后者称为交联点密度,这两个参数都是可以通过实验测定的。M_c 越小,交联度越高。

2.1.5　高分子共聚物

由一种单体单元聚合而形成的高分子是均聚物,如聚乙烯、聚苯乙烯和聚丙烯腈等。由两种或两种以上的单体单元聚合形成的高分子是共聚物。不同的单体之间受聚合条件和聚合机理的限制可能产生多种排列方式,以 A 和 B 两种单体单元共聚得到的二元共聚物为例,其连接方式通常有无规共聚、交替共聚、嵌段共聚和接枝共聚四种(图 2.9)。

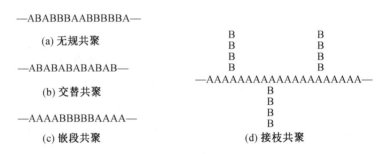

图 2.9　常见二元共聚物的连接方式

1.无规共聚物

无规共聚物的分子主链由两种结构单元构成,且它们在分子主链上的排列没有任何规律。丁苯橡胶就是由苯乙烯单体和丁二烯单体通过无规共聚合成的;聚乙烯和聚丙烯是目前世界上用量最大的两种塑料,但是乙烯单体和丙烯单体的无规共聚物乙丙橡胶,打破了聚乙烯和聚丙烯分子主链的规整性,是一种性能优异的橡胶材料。

2.交替共聚物

交替共聚物是指两种结构单元在高分子主链上严格相间排列的共聚物。在四种共聚物中,交替共聚物并不常见。苯乙烯和马来酸酐单体共聚时,苯乙烯单体和马来酸酐单体的亲和性较强,而马来酸酐单体的体积较大,由于空间位阻效应,不易自聚,因此会得到交替共聚物。

3.嵌段共聚物

结构单元 A 和 B 分别形成链段,链段交替连接在一起而成的共聚物,称为嵌段共聚物。常见的嵌段共聚物可以通过阴离子活性聚合合成。SBS 树脂是一种典型的嵌段共聚物,由苯乙烯(S)和丁二烯(B)单体共聚所形成。其分子链两端链段为聚苯乙烯,中间链段为聚丁二烯。由于聚苯乙烯的玻璃化温度 T_g 高于室温,室温下分子链两端链段变硬;而分子链中间的聚丁二烯玻璃化温度 T_g 低于室温,仍具有弹性(图 2.10)。此时,聚丁二烯形成连续的橡胶相,而聚苯乙烯则形成微区分散于连续相中,并将聚丁二烯的分子链交联在一起。SBS 树脂不是通过化学键交联,而是通过玻璃态聚苯乙烯交联的,这是物理交联。室温下 SBS 树脂展现出交联橡胶的特性。升温到 120 ℃ 时,聚苯乙烯由玻璃态转变为橡胶态,物理交联点消失。继续升温到黏流温度 T_f 以上时,SBS 树脂又可以熔融加工。SBS 常温下呈现交联橡胶的高弹性,高温下又能成型加工,也称为热塑性弹性体,人们日常穿的鞋子鞋底多由SBS 树脂制得。此外,用作冰箱和复印机外壳、汽车方向盘和仪表盘的 ABS 树脂是由丙烯腈(A)、丁二烯(B)和苯乙烯(S)共聚形成的三元嵌段共聚物,通过调节嵌段的比例可以获得不同性能的 ABS 树脂。

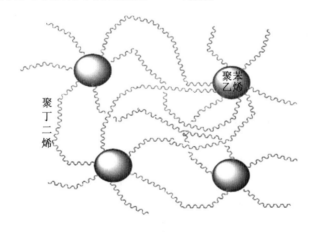

图 2.10　室温下的 SBS 树脂

4.接枝共聚物

高分子主链上连有与主链化学结构不同侧链的共聚物,称为接枝共聚物。将聚丁二烯溶解在苯乙烯单体中形成均相溶液后,引发苯乙烯单体聚合,生成的聚苯乙烯分子链会接枝到聚丁二烯主链上,从而得到接枝共聚物。接枝共聚物中聚苯乙烯通常为主体,柔顺性极好的聚丁二烯主链提高了聚苯乙烯的韧性和抗冲击性能,所得产物为高抗冲聚苯乙烯。

对于二元共聚物,除了以上四种连接方式外,还有更为复杂的连接方式。图 2.11 中,通过化学键将两种高分子链进行连接,还可以得到聚合物网络结构。仅由一种结构单元构成的聚合物网络称为简单网络。如果两种聚合物各自生成简单网络,而生成的两种简单网络之间互相穿插,则为互穿网络;如果一种聚合物形成网络,另一种线型聚合物穿插在网络之间,则为半互穿网络。

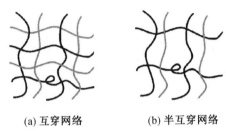

(a) 互穿网络　　　　　　　(b) 半互穿网络

图 2.11　高分子互穿网络和半互穿网络

2.2　分子量的大小及分布

小分子的分子量是确定的,如 O_2 的分子量是 16,H_2O 的分子量是 18。但对于高分子情况则不同,因为高分子不是单纯的化合物,而是一系列同系物的混合物。也就是说,高分子的分子量是不均一的,这个特点被称为多分散性。与之相对,小分子的分子量均一,因此具有单分散性。在众多聚合方法中,阴离子活性聚合得到的产物分子量相对均一,接近单分散。

高分子的分子量只能是统计的平均值。按照不同的方式进行统计平均,常见分子量有数均分子量(M_n)、重均分子量(M_w)和黏均分子量(M_η)三种。

2.2.1　聚合物中常见的分子量

假设聚合物试样的总质量为 m,总物质的量为 n,不同分子量高分子的种类用 i 来表示。其中,第 i 种高分子的分子量为 M_i,物质的量为 n_i,质量为 w_i,在整个试样中所占的摩尔分数为 N_i,质量分数为 W_i,则有如下关系:

$$N_i = \frac{n_i}{\sum_i n_i} = \frac{n_i}{n} \qquad \sum_i n_i = n \qquad \sum_i N_i = 1$$

$$W_i = \frac{w_i}{\sum_i w_i} = \frac{w_i}{m} \qquad \sum_i w_i = m \qquad \sum_i W_i = 1$$

1.数均分子量

数均分子量是指各种不同分子量的高分子所占摩尔分数与其相应分子量乘积的总和。根据定义,可以得到数均分子量的表达式(2.1)。从定义式中可以看到,数均分子量

M_n 是对分子的物质的量进行平均，其统计权重就是分子的物质的量。如果组分中存在低分子量的分子时，数均分子量的变化较大，因此它对低分子量的组分比较敏感。

$$M_n = \sum_i N_i M_i = \frac{\sum_i n_i M_i}{\sum_i n_i} = \frac{m}{n} \tag{2.1}$$

2.重均分子量

重均分子量是指各种不同分子量的高分子所占质量分数与其相应分子量乘积的总和。根据定义，可以得到重均分子量 M_w 的表达式(2.2)，其统计权重是质量。相对于数均分子量 M_n，重均分子量 M_w 对分子量大的组分比较敏感。

$$M_w = \sum_i W_i M_i = \sum_i \frac{w_i}{\sum_i w_i} M_i = \frac{\sum_i w_i M_i}{m} \tag{2.2}$$

数均分子量和重均分子量的定义不同，下面通过一道简单的数学题来解释它们之间的区别。将分子量不同的高分子链混合在一起，其中分子量为 5.0×10^4 g/mol 的有 4 条、8.0×10^4 g/mol 的有 3 条、1.0×10^5 g/mol 的有 2 条，根据式(2.1) 和式(2.2)，可以计算出这组高分子的 M_n 和 M_w 分别为 7.1×10^4 g/mol 和 7.7×10^4 g/mol。高分子的 M_n 和 M_w 不同是因为统计方式存在差异。在自然界中，除了极少数单分散的天然高分子 M_n 与 M_w 数值相同外，绝大部分天然高分子和合成高分子均具有多分散性，它们的 M_n 和 M_w 数值总是不同，且 $M_n < M_w$。

那么，数均分子量和重均分子量之间又有什么联系呢？事实上，数均分子量 M_n 也可以用质量分数 W_i 进行表示：

$$M_n = \sum_i N_i M_i = \frac{\sum_i n_i M_i}{\sum_i n_i} = \frac{\sum_i w_i}{\sum_i \frac{w_i}{M_i}} = \frac{1}{\sum_i \frac{W_i}{M_i}} \tag{2.3}$$

此外，数均分子量和重均分子量都可以用下面的通式进行表示。通式中的 $m = 0$ 为数均分子量，$m = 1$ 则为重均分子量。

$$M = \frac{\sum_i n_i M_i^{m+1}}{\sum_i n_i M_i^m} \tag{2.4}$$

3.黏均分子量

除数均分子量 M_n 和重均分子量 M_w 之外，黏均分子量 M_η 是另一种常见分子量。区别于数均分子量和重均分子量，黏均分子量并不是从统计学中得出的，而是用溶液黏度法直接测得的分子量，表达式为

$$M_\eta = \left(\sum_i W_i M_i^\alpha \right)^{\frac{1}{\alpha}} \tag{2.5}$$

式中，α 为 Mark－Houwink 方程中的参数，数值通常在 $0.5 \sim 1.0$ 之间。对于多分散的高分子，三种分子量的大小关系为：$M_n < M_\eta < M_w$。当 $\alpha = 1.0$ 时，$M_w = M_\eta$；当 $\alpha = -1.0$ 时，$M_n = M_\eta$。

分子量的大小对高分子材料的成型加工和应用有着重要影响。一般来说，高分子材料的加工性能随着分子量的增加而下降。原因在于分子量越大，熔体黏度越高，流动性越差，越难加工。在应用方面，随着分子量的增加，高分子材料的拉伸强度和抗冲击强度等力学性能会逐渐提高，如分子量大于 1.5×10^6 g/mol 的线型聚乙烯被称为超高分子量聚乙烯，其纤维制品具有优异的耐冲击性，可用作防弹衣。而普通高密度聚乙烯的分子量一般不超过 3.0×10^5 g/mol，是包装、容器和地下管道材料的主要成分。

2.2.2　分子量分布

分子量分布十分重要，下面举例说明。表 2.2 中有三组高分子，第一组高分子中，分子量为 1.0×10^4 g/mol 的高分子链有 10 条；第二组高分子中，分子量为 5.0×10^3 g/mol 的高分子链有 2 条，分子量为 1.0×10^4 g/mol 的高分子链有 6 条，分子量为 1.5×10^4 g/mol 的高分子链有 2 条；第三组高分子中，分子量为 5.0×10^3 g/mol 的高分子链有 3 条，分子量为 8.0×10^3 g/mol 的高分子链有 2 条，分子量为 1.2×10^4 g/mol 的高分子链有 2 条，分子量为 1.5×10^4 g/mol 的高分子链有 3 条。虽然三组高分子中高分子链的数目相同，数均分子量 M_n 都是 1.0×10^4 g/mol，但显然这三组高分子的组成是不同的。对于高分子体系来说，除分子量的大小外，为了描述体系的多分散性，还需要知道分子量分布。

表 2.2　数均分子量、重均分子量、分子量分布宽度指数 σ^2 和多分散系数 d 的计算

序号	高分子分子量 / (g·mol^{-1})	链数 / 条	M_n / (g·mol^{-1})	M_w / (g·mol^{-1})	σ^2 / $\times 10^7$	d
1	1.0×10^4	10	1.0×10^4	1.0×10^4	0	1
2	5.0×10^3	2	1.0×10^4	1.1×10^4	1	1.1
	1.0×10^4	6				
	1.5×10^4	2				
3	5.0×10^3	3	1.0×10^4	1.166×10^4	1.66	1.166
	8.0×10^3	2				
	1.2×10^4	2				
	1.5×10^4	3				

1.列表法和图解法

分子量分布是指聚合物试样中包含的各分子量级分及其相对含量的分布状况。通常

情况下,分子量分布可以通过列表法和图解法来获得。

列表法是把高分子试样中各个级分的分子量与对应的质量分数或数量分数列成表格来展示分子量分布。高分子试样是一系列同系物的混合物,无论如何也不可能将高分子链区分到只相差一个结构单元,因此列表法通常只能粗略地体现试样的分子量分布。

图 2.12 所示为图解法描述分子量分布,图 2.12(a) 中横坐标为分子量,纵坐标为高分子链的质量分数,曲线对应着分子量分布情况,称为分子量的质量微分分布曲线。任意分子量的高分子链在体系中所占的质量分数可以直接在纵坐标中读出。还有一种图解法为质量积分分布曲线,图 2.12(b) 中纵坐标 $I(M)$ 为分子量小于等于 M 的所有高分子累积起来的质量分数(式(2.6)),分子量为 M 组分的质量分数为曲线在点 $[M, I(M)]$ 处的导数。

$$I(M) = \int_0^M W(M) \mathrm{d}M \tag{2.6}$$

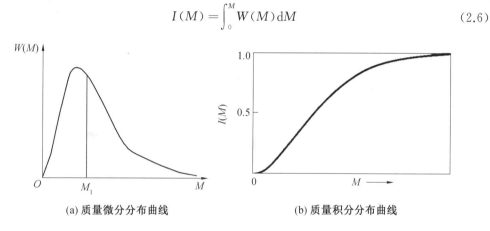

(a) 质量微分分布曲线　　　　　　(b) 质量积分分布曲线

图 2.12　聚合物分子量的质量微分分布曲线和质量积分分布曲线

一种高分子合成后,除了理论分析外,分子量分布往往同实验参数和聚合方法等因素密切相关。为了更直观、更简单地定量描述分子量分布,人们引入了分子量分布宽度指数(σ^2)和多分散系数(d)两个参数。

2.分子量分布宽度指数

数均分子量分布宽度指数 σ_n^2 是试样中各个分子量和数均分子量 M_n 之间差值平方的平均值,表达式的推导过程如下:

$$\sigma_n^2 = \langle (M - M_n)^2 \rangle_n \quad \text{或} \quad \sigma_n^2 = \int_0^\infty (M - M_n)^2 N(M) \mathrm{d}M \tag{2.7}$$

"$\langle\ \rangle$"为系统平均符号,表示体系中所有可能状态的平均。

将上式展开后可得

$$\sigma_n^2 = \langle M^2 \rangle_n - M_n^2 \tag{2.8}$$

因为

$$M_w = \frac{\sum_i m_i M_i}{\sum_i m_i} = \frac{\dfrac{\sum_i m_i M_i}{\sum_i n_i}}{\dfrac{\sum_i m_i}{\sum_i n_i}} = \frac{\dfrac{\sum_i n_i M_i^2}{\sum_i n_i}}{\dfrac{\sum_i n_i M_i}{\sum_i n_i}} = \frac{\langle M^2 \rangle_n}{M_n} \qquad (2.9)$$

也即

$$\langle M^2 \rangle_n = M_n \times M_w \qquad (2.10)$$

因此,将式(2.10)代入式(2.8)后可得

$$\sigma_n^2 = M_n \times M_w - M_n^2 = M_n^2 \left(\frac{M_w}{M_n} - 1 \right) \qquad (2.11)$$

对于单分散试样,$\sigma_n^2 = 0$;对于多分散试样,$\sigma_n^2 > 0$,且数值越大分子量分布宽度越宽。若以重均分子量 M_w 作为参考标准,也可以得到重均分子量分布宽度指数 σ_w^2:

$$\sigma_w^2 = M_w^2 \left(\frac{M_z}{M_w} - 1 \right) \qquad (2.12)$$

式中,M_z 为 z 均分子量,是分子量的另一种统计方式,相当于式(2.4)中 $m = 2$ 的情况。

3.多分散系数

从 σ_n^2 的推导过程可以看出其大小取决于重均分子量 M_w 和数均分子量 M_n 的比值。因此,人们定义了更简单的多分散系数 d 来描述分子量分布。

$$d = \frac{M_w}{M_n} \qquad (2.13)$$

对于单分散试样,$d = 1$;对于多分散试样,数均分子量 M_n 总是小于重均分子量 M_w,因此 $d > 1$,且数值越大分子量的分布宽度越宽。将 10 mol 分子量为 1 000 g/mol 的聚合物和 10 mol 分子量为 1.0×10^6 g/mol 的同种聚合物混合后,试样的 $\sigma_n^2 = 2.5 \times 10^{11}$,$d = 2.0$。混合前的两种高聚物都是单分散的,所以它们的 $\sigma_n^2 = 0$,$d = 1$;混合后的高聚物具有多分散性,σ_n^2 和 d 的数值均变大。

分子量分布对高分子材料的加工和使用性能有重要影响。一般来说,分子量分布宽度窄有利于提高高分子制品的使用性能。但是,并不是分子量分布宽度越窄越好,尤其是在对高分子量的聚合物进行成型加工时,分子量分布宽度宽一些,适当存在一些低分子量的聚合物,能起到内增塑的作用,可提高聚合物流动性,有利于加工。近年来,分子量分布这一古老课题再次成为高分子科学中的热点,常有分子量分布的控制以及分子量分布与聚合物性能关系的研究发表在国际顶级期刊上。

2.3　高分子链的构象

2.3.1　有机小分子的构象

1.乙烷

高分子长链中有很多 σ 单键。在有机化学中,σ 单键的电子云是轴对称的,因此单键可以绕轴旋转。以乙烷分子为例(图 2.13),随着 C—C 单键的旋转,连接在 C 原子上的 H 原子空间排布会发生改变。通常把这种由于单键旋转而产生的分子在空间的不同形态称为构象(conformation),σ 单键的旋转称为内旋转。理论上来讲,C—C 单键的旋转角稍有变化就会产生新的构象,因此乙烷分子的构象数会有无数种。但实际情况中,单键的内旋转会受限于多种因素(如原子间势能和空间位阻等),实际构象数会减少很多。

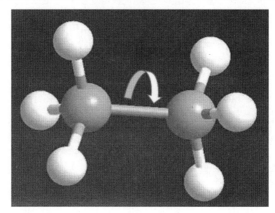

图 2.13　乙烷分子中 C—C 键绕轴旋转

乙烷分子构象中,如果两个 C 原子上所有 H 原子在平面上投影的位置完全重合,则称为顺式构象(图 2.14(a))。在顺式构象基础上,固定一个 C 原子不动,将另一个 C 原子顺时针或逆时针旋转 60°,此时 H 原子相互交错,彼此之间的距离最远,该构象称为反式构象(图 2.14(b))。显然,在乙烷分子的任意构象(图 2.14(c))中,反式构象势能最低,最稳定;顺式构象中 H 原子的空间距离最近,势能最高,最不稳定。分子处于每一种构象所具有的势能,称为构象能。如果以构象能 U 对旋转角 Φ 作图,可以得到构象能分布图。图 2.15 中,$U(\Phi)$ 为构象能分布函数,ΔE 是顺式构象和反式构象之间的能量差值,称为位垒。热力学性质研究表明,乙烷分子的 $\Delta E = 12.1$ kJ/mol。通常热运动的能量为 2.5 kJ/mol,因此乙烷分子倾向于以反式构象存在。

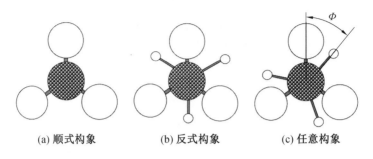

(a) 顺式构象　　　　(b) 反式构象　　　　(c) 任意构象

图 2.14　乙烷分子的构象

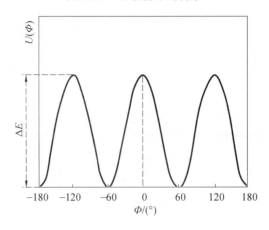

图 2.15　乙烷分子的构象能分布图

2.丁烷

将乙烷分子中每个碳原子上的 1 个 H 原子用 —CH$_3$ 取代即得到丁烷分子。如果丁烷分子中 2 个 —CH$_3$ 及所有的 H 原子平面投影完全重合,该构象即丁烷分子构象能最高的顺式构象(图 2.16)。将顺式构象中的 1 个 C 原子顺时针或逆时针旋转 180°后,—CH$_3$ 彼此之间距离最远,H 原子也完全错开,此时为构象能最低的反式构象。从构象能分布图上可以看到,在旋转过程中反式构象和顺式构象之间存在 2 个"深谷",对应的构象能介于反式构象和顺式构象之间,称为旁式构象。顺式构象左右两侧的 2 个旁式构象能量相同,只是 σ 单键旋转的方向不同。平衡状态下,反式构象和旁式构象之间能量差值是 Δε。但是,如果只提供 Δε 的能量,反式构象是无法转化为旁式构象的,因为二者之间还存在着巨大的势能位垒 ΔE,只有克服该位垒,才可以实现反式构象和旁式构象的转换。

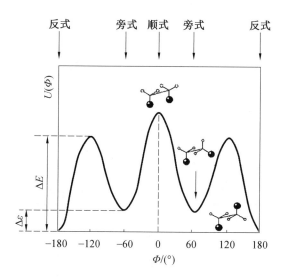

图 2.16　丁烷分子的构象能分布图

2.3.2　高分子链的构象

1.Flory 内旋异构近似

在丁烷分子的基础上,研究高分子的构象及构象能分布。对聚乙烯来说,选取任意 C—C 单键作为研究对象就可以把聚乙烯看作 2 个 C 原子上各有 1 个 H 原子被一条高分子链所取代。因此,它的构象能分布与丁烷分子类似,也存在反式构象、旁式构象和顺式构象(图 2.17)。为了简化构象问题的研究,Flory 内旋异构近似假设认为,聚合物分子的每个链节只能处于三个能量极小值的状态,即一个反式构象和两个旁式构象的不同组合。该假设忽略了包括顺式构象在内的无数非稳态的存在,也就是构象只能在反式构象与旁式构象之间变换。尽管忽略了不稳定构象,理论上来讲,含有 n 个单键的正烷烃空间中的稳定构象数为 3^{n-1} 个。以聚合度为 500、分子链上含有 1 000 个单键的高密度聚乙烯为例,其稳定空间构象数为 3^{999} 个。然而,单键的内旋转不是完全自由的,既受到键角的限制,又受到取代基空间位阻的影响,此外分子链之间的相互作用及物理缠绕,也会对单键内旋转造成严重阻碍。这些因素造成分子链的实际构象数远远小于 3^{n-1},但也足以满足统计学的要求。

当一条聚乙烯分子链的每个结构单元都为反式构象,它将呈现完全伸直的平面锯齿形,只要反式构象向旁式构象转变,这条分子链就会弯曲。无数个结构单元中的反式构象向旁式构象同时转变,则分子链上会出现无数个弯曲。因此,单键内旋转是导致高分子链呈蜷曲构象的根本原因。内旋转越自由,蜷曲程度越大。这种不规则蜷曲的高分子构象称为无规线团(图 2.18)。由于热运动,高分子链中的反式构象和旁式构象之间不停地转变,时时刻刻总会存在一定比例的旁式构象,因此无规线团才是高分子链的自然状态。

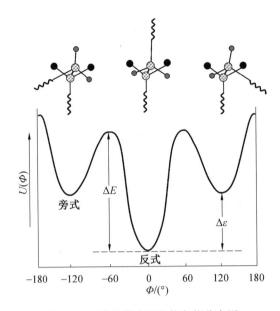

图 2.17　聚乙烯分子的构象能分布图

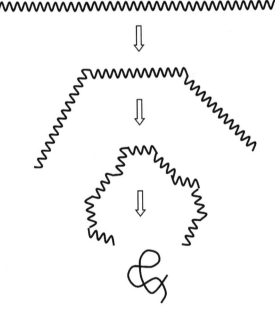

图 2.18　反式构象和旁式构象的转变使高分子链呈现无规线团

2.动态柔顺性与静态柔顺性

高分子链构象的改变可以通过单键的内旋转来完成,高分子链能够改变其构象的性质称为柔顺性。显然,高分子链的柔顺性与反式构象和旁式构象之间转变的难易程度有关。柔顺性又可以分为静态柔顺性和动态柔顺性。静态柔顺性也称平衡态柔顺性,是指热力学平衡状态下的柔顺性,取决于高分子结构单元中反式构象与旁式构象的构象能差

值 $\Delta\varepsilon$,描述的是改变构象的可能性。动态柔顺性是在外界条件影响下,从反式构象转变为旁式构象的难易程度。它取决于高分子结构单元内的旋转位垒 ΔE。

转动能通常与温度相关,随着温度升高,转动能提高,容易克服位垒实现反式构象向旁式构象的转变。如果 $kT \gg \Delta E$,两种构象之间转变的时间仅需要 10^{-11} s,此时高分子链具有极好的柔顺性。反之,如果 $kT \ll \Delta E$,则旁式构象和反式构象之间无法完成转变,此时分子链的刚性很强。静态柔顺性和动态柔顺性有时一致,但大多数情况下是不一致的。通常,内旋转单键数目越多,内旋转阻力越小,旁式构象数量越多,高分子的柔顺性越好。

2.4　理想链的末端距

单键的内旋转导致高分子链呈现无规线团构象。由于热运动,σ 单键不停地进行内旋转,高分子链的构象时刻都在变化。因此,无法精确地研究高分子链的构象,这种研究也是没有意义的,只能对分子链的构象进行统计研究。分子链的旁式构象越多,无规线团越蜷曲,柔顺性越好;反之,无规线团越伸展,则刚性越强。然而蜷曲和伸展程度只能定性地判断柔顺性,如何定量地研究柔顺性呢? 人们引入了末端距 h 和回转半径 R_g 两个参数。通过对这两个参数的研究,不仅可以判断分子链的柔顺性,还可以对分子链尺寸和分子链间相互作用等信息进行深层次的挖掘。

线型分子链首端到末端之间的直线距离称为末端距 h。末端距是一个矢量,方向是从首端指向末端。从图 2.19 可以看到,对于同一条分子链,不同的蜷曲程度对应的末端距大小是不一样的。蜷曲状态下末端距较小,伸展状态下末端距较大,因此末端距可以用来衡量高分子链的柔顺性。由于分子链不停地改变构象,末端距的方向和大小随时都在变化。

对于一条分子链,如果时间足够长,它将呈现各种构象,这些构象末端距的统计加和为零。同理,如果研究某一时刻足够多分子链的构象,那么这些分子链末端距的统计加和也应该为零。显然,单纯用统计方法研究末端距的意义不大。为了让分子链构象的统计有意义,先对末端距平方之后再平均,称为均方末端距 $\langle h^2 \rangle$。这种平均具有双层含义,既是对一条分子链所有构象的平均,又是对所有高分子链的平均。将均方末端距 $\langle h^2 \rangle$ 进行开方,就得到了均方根末端距 $\sqrt{\langle h^2 \rangle}$。

对于真实链来说,单键内旋转要受到空间位阻和键角等诸多因素影响,$\langle h^2 \rangle$ 的求解往往非常复杂。为了简化问题研究,通常采用模型化的方法从理想链入手来处理。

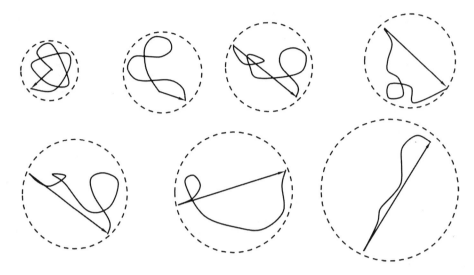

图 2.19　同一条高分子链不同构象的末端距

2.4.1　自由连接链与等效自由连接链

1.自由连接链

　　自由连接链又称自由结合链,是一种理想链模型。在该模型中,高分子链由众多长度为 l 的结构单元组成,其中所有的化学键和结构单元都不占体积,单键内旋转时无键角和空间位阻限制,且每个键在空间任意方向的取向概率都相同。自由连接链只有近程作用,没有远程作用。这里所谈到的"远"和"近",并不是空间上的概念,而是沿着分子链距离的远和近。近程作用是指相邻两个基团之间的相互作用;而远程作用则是指分子链远端或其他分子链与某个基团之间的作用(图 2.20)。如果两个链段不在同一条分子链上,彼此靠近时产生的相互作用也是远程作用。从模型假设中可以看到,自由连接链中化学键 n 的数目足够多(这里的 n 并不是聚合度),键长 l 固定、键角 θ 任意,内旋转不受键角和空间位阻的限制,完全自由。因此,自由连接链是一种极柔顺的分子链。

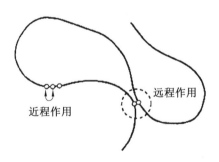

图 2.20　高分子链中的近程作用和远程作用

　　自由连接链中,每个单键定义为矢量 $\bar{l}$,则整条分子链的末端距应该是各个键矢量的

加和,即

$$\boldsymbol{h} = \bar{l}_1 + \bar{l}_2 + \bar{l}_3 + \bar{l}_4 + \cdots + \bar{l}_n \tag{2.14}$$

均方末端距 $\langle h^2 \rangle$ 的表达式为

$$\langle h^2 \rangle = \langle (\bar{l}_1 + \bar{l}_2 + \bar{l}_3 + \bar{l}_4 + \cdots + \bar{l}_n) \cdot (\bar{l}_1 + \bar{l}_2 + \bar{l}_3 + \bar{l}_4 + \cdots + \bar{l}_n) \rangle =$$

$$\langle \bar{l}_1 \cdot \bar{l}_1 \rangle + \langle \bar{l}_1 \cdot \bar{l}_2 \rangle + \langle \bar{l}_1 \cdot \bar{l}_3 \rangle + \cdots + \langle \bar{l}_1 \cdot \bar{l}_n \rangle +$$

$$\langle \bar{l}_2 \cdot \bar{l}_1 \rangle + \langle \bar{l}_2 \cdot \bar{l}_2 \rangle + \langle \bar{l}_2 \cdot \bar{l}_3 \rangle + \cdots + \langle \bar{l}_2 \cdot \bar{l}_n \rangle +$$

$$\langle \bar{l}_3 \cdot \bar{l}_1 \rangle + \langle \bar{l}_3 \cdot \bar{l}_2 \rangle + \langle \bar{l}_3 \cdot \bar{l}_3 \rangle + \cdots + \langle \bar{l}_3 \cdot \bar{l}_n \rangle +$$

$$\cdots +$$

$$\langle \bar{l}_n \cdot \bar{l}_1 \rangle + \langle \bar{l}_n \cdot \bar{l}_2 \rangle + \langle \bar{l}_n \cdot \bar{l}_3 \rangle + \cdots + \langle \bar{l}_n \cdot \bar{l}_n \rangle \tag{2.15}$$

根据矢量运算法则(α 是键角 θ 的补角):

$$\bar{l}_i \cdot \bar{l}_j = l^2 \cos \alpha \tag{2.16}$$

当 $i = j$ 时,$\bar{l}_i \cdot \bar{l}_j = l^2$;当 $i \neq j$ 时,自由连接链中的化学键取向任意,因而两个键之间的夹角 θ 及其补角 α 随机,当化学键足够多且取平均后,$\langle \bar{l}_i \cdot \bar{l}_j \rangle = 0$。由此可以得到自由连接链的均方末端距:

$$\langle h^2 \rangle = nl^2 \tag{2.17}$$

2. 等效自由连接链

实际上,内旋转完全自由的 C—C 单键是不存在的,因为 C—C 键上总是连接着其他原子或基团。当这些原子或基团接近时,电子云之间将产生斥力使单键的内旋转受到阻力。此外,由于键长和键角的存在,一个单键的旋转总要受到周边 C 原子旋转的影响。如图 2.21 所示,当 C_2 原子绕 C_1—C_2 轴旋转时,会造成 C_3 原子除绕 C_2—C_3 轴自转外,还要绕 C_1—C_2 轴公转;同理,C_4 原子的旋转也会受到 C_1—C_2 轴旋转的影响,但影响相对于 C_3 原子要小一些。以此类推,C_1—C_2 键的旋转将一直影响到 C_g 原子。从第 $g+1$ 个 C 原子开始,它在空间可取的位置已与 C_1—C_2 键完全无关了。把这 g 个运动具有相关性的结构单元称为链段。链段的取向是无规的,且链段与链段之间的运动彼此不干扰,可以近似看成是自由连接的,这种模型称为等效自由连接链,所划分的链段称为 Kuhn 等效链段。如果 Kuhn 链段长度等于一个 C—C 键的长度,则分子链极柔顺,是真正的自由连接链。如果 Kuhn 链段长度等于整条分子链的伸直长度,则这条链极刚性。显然,真正高分子的 Kuhn 链段长度应介于这两个极端之间。

自由连接链和等效自由连接链之间是有差别的,前者的统计单元是一个 C—C 键;而后者的统计单元则是一个 Kuhn 链段。显然,等效自由连接链可以包括自由连接链,后者是前者的一个特例。自由连接链是为简化问题研究而假想的,在现实中并不存在,而等效自由连接链却体现了大量柔性高分子的共性,它是确实存在的。

图 2.22 中,一条键长为 l,由 n 个化学键组成的高分子链被等效为由 Z 个 Kuhn 链段

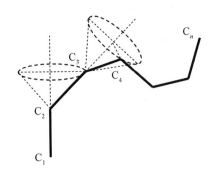

图 2.21　分子链上 C 原子的绕轴旋转

组成的等效自由连接链,其中每个链段平均长度为 b。那么如何确定一条高分子链含有的等效链段数量 Z 以及等效链段的平均长度 b 呢?可以看到,原分子链和等效自由连接链的末端距完全相同。等效自由连接链和自由连接链的均方末端距应有相同的表达形式:

$$\langle h^2 \rangle = Zb^2 \tag{2.18}$$

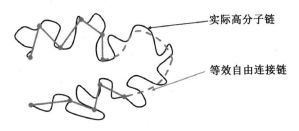

图 2.22　将实际高分子链等效为等效自由连接链

如果这条分子链完全刚性,由之前知识可知它将呈平面锯齿形构象,为伸直链(图 2.23)。对于成键数目为 n 的聚乙烯来说(注意:这里 C—C 键的成键数目为聚合度的 $1/2$),它的最大末端距(h_{max})为

$$h_{max} = nl \cdot \sin \frac{\theta}{2} \tag{2.19}$$

图 2.23　伸直链及 h_{max}

对于不受键角 θ 限制的等效自由连接链,它的最大末端距应与伸直链相同:

$$h_{max} = nl \cdot \sin \frac{\theta}{2} = Zb \tag{2.20}$$

等效自由连接链的均方末端距应与所等效的高分子链均方末端距相同。因此,综合

式(2.18) 和式(2.20) 可得 Z 和 b 的计算公式：

$$Z = \frac{h_{\max}^2}{\langle h^2 \rangle} \tag{2.21}$$

$$b = \frac{\langle h^2 \rangle}{h_{\max}} \tag{2.22}$$

在溶液中, 高分子链的构象将受到诸多环境因素的影响, 除了"链段 — 链段"之间的相互作用外, 还存在"链段 — 溶剂"之间的相互作用; 此外, 温度也对高分子链构象具有重要影响。这些因素的存在, 使得高分子链的均方末端距 $\langle h^2 \rangle$ 很难测定。为避免外界因素干扰, 定义了无扰均方末端距 $\langle h^2 \rangle_0$, 它是指高分子链在理想状态(θ 状态) 下的均方末端距, 下角标"0"表示无扰链。此时, 高分子理想链所受"链段 — 链段"与"链段 — 溶剂"之间的相互作用恰好全部抵消, 高分子链呈现自然状态, 也称无扰状态。如实测聚乙烯的无扰均方末端距 $\langle h^2 \rangle_0 = 6.76\ n l^2$, 键角 $\theta = 109.5°$, 根据式(2.21) 和式(2.22) 可以计算出这条分子链的 Z 和 b：

$$h_{\max}^2 = n^2 l^2 \sin^2 \frac{\theta}{2} = \frac{2}{3} n^2 l^2$$

$$Z = \frac{h_{\max}^2}{\langle h^2 \rangle_0} \approx \frac{n}{10}$$

$$b = \frac{\langle h^2 \rangle_0}{h_{\max}} = 8.28l$$

在上面的例子中等效 Kuhn 链段数 Z 相当于 C—C 键数量的 1/10, 也就是说每个等效链段中大约含有 10 个 C—C 键; 而等效链段的长度则是键长 l 的 8.28 倍。对于等效自由连接链来说, Kuhn 链段的长度 b 总是大于 C—C 键长 l, b 越小, 高分子链的柔顺性越好。因为当 Kuhn 链段的长度与 C—C 键长相等时, 等效自由连接链为真正的自由连接链, 而自由连接链则是假想的最柔顺高分子链。

除 Kuhn 链段长度 b 外, Flory 特征比(C) 是更常用的定量描述高分子链柔顺性的参数, 它的定义为高分子链无扰均方末端距与自由连接链均方末端距之比：

$$C = \langle h^2 \rangle_0 / n l^2 \tag{2.23}$$

显然 C 是一个恒大于 1 的参数, 数值越小表明实际高分子链的均方末端距越接近自由连接链, 柔顺性越好。图 2.24 中, 一定范围内 C 值随着聚合度 n 的增加而增大; 当 n 达到一定程度后, 趋向于固定值, 称为 Flory 极限特征比(C_∞)。实际生活中柔顺性最好的聚二甲基硅氧烷的 C_∞ 也是自由连接链的 6.2 倍。C_∞ 的大小与分子链结构密切相关, 刚性链的 C_∞ 要比柔性链大, 塑料的 C_∞ 一般大于橡胶。

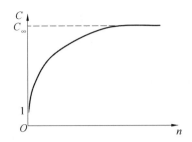

图 2.24　Flory 特征比 C 随聚合度 n 的变化规律

2.4.2　自由旋转链

如果分子链中每一个键都有固定键角，但内旋转不受空间位阻影响，则该模型为自由旋转链模型。区别于自由连接链中的任意键角，自由旋转链中键角 θ 是固定的（以聚乙烯为例，键角 $\theta = 109.5°$）。定义 α 为键角 θ 的补角（$\alpha = 180° - \theta$），根据式(2.15)：

当 $j = i$ 时，$\langle \bar{l}_i \cdot \bar{l}_j \rangle = \bar{l}_i \cdot \bar{l}_i = l^2$，式(2.15)中一共有 n 项满足 $j = i$；

$\langle \bar{l}_i \cdot \bar{l}_{i\pm1} \rangle = \bar{l}_i \cdot \bar{l}_{i\pm1} \cos\alpha = l^2 \cos\alpha$，式(2.15)中一共有 $2(n-1)$ 项满足 $j = i \pm 1$；

$\langle \bar{l}_i \cdot \bar{l}_{i\pm2} \rangle = \bar{l}_i \cdot \bar{l}_{i\pm2} \cos^2\alpha = l^2 \cos^2\alpha$，式(2.15)中一共有 $2(n-2)$ 项满足 $j = i \pm 2$。

以此类推，可以得到 $\langle \bar{l}_i \cdot \bar{l}_{i\pm m} \rangle = \bar{l}_i \cdot \bar{l}_{i\pm m} \cos^m\alpha = l^2 \cos^m\alpha$，一共有 $2(n-m)$ 项。

将式(2.15)整理后，可以得到自由旋转链的均方末端距 $\langle h_{f,r}^2 \rangle$：

$$\langle h_{f,r}^2 \rangle = l^2 \left[n + 2(n-1)\cos\alpha + 2(n-2)\cos^2\alpha + \cdots + 2\cos^{n-1}\alpha \right] =$$
$$nl^2 \left\{ \frac{1-\cos\alpha}{1+\cos\alpha} + \frac{2\cos\alpha}{n} \left[\frac{1+\cos^n\alpha}{(1+\cos\alpha)^2} \right] \right\} \tag{2.24}$$

因为 n 的数值非常大，式(2.24)括号内的第二项可以忽略，由此得到自由旋转链的均方末端距为

$$\langle h_{f,r}^2 \rangle = nl^2 \frac{1+\cos\alpha}{1-\cos\alpha} \tag{2.25}$$

对于键角 $\theta = 109.5°$ 的聚乙烯，如果采用自由连接链模型计算，其均方末端距为 $\langle h^2 \rangle_0 = nl^2$；如果采用自由旋转链模型计算，其均方末端距 $\langle h_{f,r}^2 \rangle \approx 2nl^2$。如前所述，均方末端距可以定量衡量聚合物的柔顺性，数值越大则柔顺性越差。通过实验数据证明，聚乙烯自由旋转链的柔顺性弱于自由连接链。

2.4.3　受阻旋转链

无论自由连接链还是自由旋转链，都与高分子真实链相去甚远。高分子链进行内旋转时受近程作用的制约，旋转角不可能在空间内任意取向。为了更接近真实链，人们又提出了受阻旋转链模型，该模型将势能对旋转角 Φ 的限制纳入了考虑。通常旋转角在空间的取向与玻尔兹曼因子（玻尔兹曼因子将在下一章介绍）成正比，绝大多数旋转角都处于

低能态。对于受阻旋转链,它的均方末端距也可以和 C_∞ 建立关联:

$$\langle h_\Phi^2 \rangle = C_\infty n l^2 \,; 其中, C_\infty = \left(\frac{1 + \cos \alpha}{1 - \cos \alpha} \right) \left(\frac{1 + \langle \cos \Phi \rangle}{1 - \langle \cos \Phi \rangle} \right) \tag{2.26}$$

式中, $\langle \cos \Phi \rangle$ 为旋转角余弦的平均值,与玻尔兹曼因子 $\exp[-U(\Phi)/kT]$ 成正比:

$$\langle \cos \Phi \rangle = \frac{\displaystyle\int_0^{2\pi} \cos \Phi \exp[-U(\Phi)/kT] \mathrm{d}\Phi}{\displaystyle\int_0^{2\pi} \exp[-U(\Phi)/kT] \mathrm{d}\Phi} \tag{2.27}$$

事实上,分子链中化学键的内旋转除了受到近程作用外,也会受到远程作用的影响,因而构象能分布函数 $U(\Phi)$ 非常复杂,在很多情况下是无法求解的。一般情况下,使内旋转变困难的因素,都会造成分子链的均方末端距 $\langle h_\Phi^2 \rangle$ 增大。

2.4.4　蠕虫状链

在之前介绍的自由连接链和自由旋转链模型中,由于忽略了很多阻碍内旋转的因素,所以这些模型所描述的高分子链通常具有很好的柔顺性。但是,真实高分子链中很多主链的刚性很强,典型代表为导电高分子、脱氧核糖核酸和聚异氰酸酯等。如何对这些刚性链进行合理的描述呢?

1949 年,Kratky 和 Porod 开始了早期蠕虫状链模型的研究,后经发展和完善,该模型日益成熟。蠕虫状链模型把分子链分成很小的单元,使链上任何一点的取向相对于相邻的点几乎呈连续变化,链轮廓上任意一点的曲率方向假定是无规的,这样的模型链就好似一条弯曲的蠕虫,因此称为蠕虫状链(也称为 Kratky — Porod 模型)。它可以看成是键角非常大的自由旋转链,可以描述不同柔顺性的高分子,尤其是刚性高分子。

假定高分子链为自由旋转链,化学键长为 l,主链含有 C—C 键的数量为 n,键角 θ 很大,键角的补角 α 很小。当 α 的数值极小时,$\cos \alpha$ 可在 $\alpha = 0$ 和 $\cos \alpha = 1$ 附近展开,即 $\cos \alpha = 1 - \alpha^2/2$。

结合式(2.25),蠕虫状链的 Flory 极限特征比 C_∞ 应为

$$C_\infty = \frac{1 + \cos \alpha}{1 - \cos \alpha} \approx \frac{2 - \dfrac{\alpha^2}{2}}{\dfrac{\alpha^2}{2}} \approx \frac{4}{\alpha^2} \tag{2.28}$$

考虑到 α 的数值极小,蠕虫状链中 C_∞ 应该非常大,分子链刚性很强,对应的均方末端距 $\langle h_\mathrm{w}^2 \rangle$ 为

$$\langle h_\mathrm{w}^2 \rangle = C_\infty n l^2 \approx \frac{4}{\alpha^2} n l^2 \tag{2.29}$$

蠕虫状链分子链的总长(轮廓长度)为 $L = nl$。如果把分子链中第一个键固定在 z 轴方向上,则高分子链在 z 轴方向上投影的平均值 $\langle z \rangle$ 为

$$\langle z \rangle = l + l\cos\alpha + l\cos^2\alpha + \cdots + l\cos^{n-1}\alpha = \frac{1 - \cos^n\alpha}{1 - \cos\alpha}l \tag{2.30}$$

因为 $\cos\alpha < 1$，而 n 的数值非常大，$1 - \cos^n\alpha$ 趋向于 1，所以

$$\lim_{n \to \infty}\langle z \rangle = L_p = \frac{l}{1 - \cos\alpha} \tag{2.31}$$

此数值称为持续长度，用 L_p 表示。它的物理意义为无限长的自由旋转链在第一个键方向上投影的平均值。持续长度 L_p 可以视为分子链保持某个给定方向的能力（即"持续"程度），通常用来描述高分子链的刚性。持续长度 L_p 的大小与键长和键角有关，键长和键角越大，L_p 的数值越大，刚性越强。

2.4.5　均方回转半径

从末端距 h 的定义可以看到，只有线型高分子才有末端距。对于支化或交联高分子链，很难确定首端和末端，因此也就无法确定末端距。那么，如何描述这些高分子链的尺寸呢？这里引入回转半径 R_g 和均方回转半径 $\langle R_g^2 \rangle$ 的概念。假设高分子链中包含许多个结构单元，每个结构单元的质量都是 m_i；从高分子链的质心（cm）到第 i 个结构单元的距离为矢量 r_i，取全部结构单元的 r_i^2 对质量 m_i 的平均即为均方回转半径 $\langle R_g^2 \rangle$，其定义式为

$$\langle R_g^2 \rangle = \frac{\displaystyle\sum_{i=1}^{n} m_i r_i^2}{\displaystyle\sum_{i=1}^{n} m_i} \tag{2.32}$$

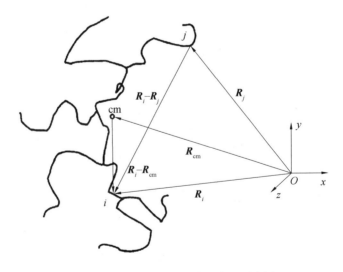

图 2.25　均方回转半径求解方法示意图

以图 2.25 中的支化聚合物为例说明均方回转半径的求解方法。回转半径的平方定义为构象中某一结构单元(位置矢量 $\boldsymbol{R}_i$)与分子链质心(位置矢量 $\boldsymbol{R}_{\text{cm}}$)之间距离的平方值:

$$R_{\text{g}}^2 = \frac{1}{n} \sum_{i=1}^{n} (\boldsymbol{R}_i - \boldsymbol{R}_{\text{cm}})^2 \tag{2.33}$$

假定所有结构单元都具有相同的质量,则聚合物的质心位置矢量为所有单元位置矢量的数量平均值。

$$\boldsymbol{R}_{\text{cm}} = \frac{1}{n} \sum_{j=1}^{n} \boldsymbol{R}_j \tag{2.34}$$

将式(2.34)代入式(2.33)后,可将回转半径的平方表示为所有单元间距平方的双重求和形式:

$$R_{\text{g}}^2 \equiv \frac{1}{n} \sum_{i=1}^{n} (\boldsymbol{R}_i^2 - 2\boldsymbol{R}_i\boldsymbol{R}_{\text{cm}} + \boldsymbol{R}_{\text{cm}}^2) = \frac{1}{n} \sum_{i=1}^{n} \left[\boldsymbol{R}_i^2 \frac{1}{n} \sum_{j=1}^{n} 1 - 2\boldsymbol{R}_i \frac{1}{n} \sum_{j=1}^{n} \boldsymbol{R}_j + \left(\frac{1}{n} \sum_{j=1}^{n} \boldsymbol{R}_j \right)^2 \right] \tag{2.35}$$

式(2.35)中的最后一项可改写为

$$\frac{1}{n} \sum_{i=1}^{n} \left(\frac{1}{n} \sum_{j=1}^{n} \boldsymbol{R}_j \right)^2 = \left(\frac{1}{n} \sum_{j=1}^{n} \boldsymbol{R}_j \right)^2 = \left(\frac{1}{n} \sum_{i=1}^{n} \boldsymbol{R}_i \right) \left(\frac{1}{n} \sum_{j=1}^{n} \boldsymbol{R}_j \right) = \frac{1}{n^2} \sum_{i=1}^{n} \sum_{j=1}^{n} \boldsymbol{R}_i\boldsymbol{R}_j \tag{2.36}$$

于是,回转半径平方的形式为

$$R_{\text{g}}^2 = \frac{1}{n^2} \sum_{i=1}^{n} \sum_{j=1}^{n} (\boldsymbol{R}_i^2 - 2\boldsymbol{R}_i\boldsymbol{R}_j + \boldsymbol{R}_i\boldsymbol{R}_j) = \frac{1}{n^2} \sum_{i=1}^{n} \sum_{j=1}^{n} (\boldsymbol{R}_i^2 - \boldsymbol{R}_i\boldsymbol{R}_j) \tag{2.37}$$

式(2.37)不依赖于求和指标的选择,故可改写成一种对称的形式:

$$R_{\text{g}}^2 = \frac{1}{n^2} \sum_{i=1}^{n} \sum_{j=1}^{n} (\boldsymbol{R}_i^2 - \boldsymbol{R}_i\boldsymbol{R}_j) = \frac{1}{2} \left[\frac{1}{n^2} \sum_{i=1}^{n} \sum_{j=1}^{n} (\boldsymbol{R}_i^2 - \boldsymbol{R}_i\boldsymbol{R}_j) + \frac{1}{n^2} \sum_{j=1}^{n} \sum_{i=1}^{n} (\boldsymbol{R}_j^2 - \boldsymbol{R}_j\boldsymbol{R}_i) \right] =$$

$$\frac{1}{2n^2} \sum_{i=1}^{n} \sum_{j=1}^{n} (\boldsymbol{R}_i^2 - 2\boldsymbol{R}_i\boldsymbol{R}_j + \boldsymbol{R}_j^2) = \frac{1}{2n^2} \sum_{i=1}^{n} \sum_{j=1}^{n} (\boldsymbol{R}_i - \boldsymbol{R}_j)^2 \tag{2.38}$$

在式(2.38)的双重求和式中,每对单元都被计算了两次,故回转半径平方也可以写成每对单元只计算一次的形式:

$$\langle R_{\text{g}}^2 \rangle = \frac{1}{n^2} \sum_{i=1}^{n} \sum_{j=i}^{n} (\boldsymbol{R}_i - \boldsymbol{R}_j)^2 \tag{2.39}$$

聚合物和其他涨落物体的平方回转半径通常按所允许构象的系综取平均,得到均方回转半径:

$$\langle R_{\text{g}}^2 \rangle = \frac{1}{n^2} \sum_{i=1}^{n} \langle (\boldsymbol{R}_i - \boldsymbol{R}_{\text{cm}})^2 \rangle = \frac{1}{n^2} \sum_{i=1}^{n} \sum_{j=i}^{n} \langle (\boldsymbol{R}_i - \boldsymbol{R}_j)^2 \rangle \tag{2.40}$$

对于非涨落物体(固体),这种平均是不必要的,用质心表达的公式仅在质心位置 $\boldsymbol{R}_{\text{cm}}$

已知或者容易计算的情况下适用。

同均方末端距$\langle h^2 \rangle$一样,均方回转半径$\langle R_g^2 \rangle$也可以定量地衡量高分子链的柔顺性,$\langle R_g^2 \rangle$数值越小,分子链越蜷曲,柔顺性越好;$\langle R_g^2 \rangle$数值越大,分子链越伸展,刚性越强。分子链的均方回转半径$\langle R_g^2 \rangle$可以通过光散射法在实验中直接测定。从上面推导可以看出,它的数学处理过程十分烦琐。与之形成对比的是,均方末端距$\langle h^2 \rangle$虽然无法通过实验直接测定,但是它的数学处理过程非常简单。如何将线型链的均方末端距$\langle h^2 \rangle$和均方回转半径$\langle R_g^2 \rangle$联系起来呢?经数学证明,对于自由连接链或等效自由连接链,当分子量无限大时,均方末端距和均方回转半径之间存在如下关系:

$$\langle R_g^2 \rangle = \frac{1}{6} \langle h^2 \rangle \tag{2.41}$$

2.4.6　末端距分布

1.末端距分布函数

正如即使求出聚合物的数均分子量或重均分子量,也不能明确地阐述分子量的信息,因为对于多分散的聚合物,还需要知道分子量分布,要确切知道高分子的具体形态尺寸,仅仅知道末端或均方末端距这个统计平均值往往也是不够的,还需要掌握分子链的末端距分布。末端距分布是指在末端距h的分布区间内,出现某一特定数值(如h_0)的概率的大小。这里要推导一个函数:末端距分布函数。它的物理意义是一条分子链末端距为h时的概率;也可以理解为含有n条分子链的聚合物体系中,末端距为h的分子链所占总分子链的数量分数。

末端距分布函数是高分子物理中的经典问题,它可以用无规行走模型来进行研究。最简单的无规行走是一维无规行走。一维无规行走的经典例子是假定有一个人在一条笔直的小巷里行走,将出发的地方视为坐标原点。他在小巷中忽前忽后以相同的步长行走,向前一步标记为$+1$,退后一步标记为-1。图2.26描述了他4步行走后的可能位置,以及到达该位置可能的方法数。如他迈出1步到达坐标为-4的位置,可能的方法数为0;迈出2步到达坐标为$+2$的位置,可能的方法数为1种,即连续向前走了2步;迈出4步到达坐标为$+2$的位置,可能的方法数为4种(读者可以自行研究这4种方法)。

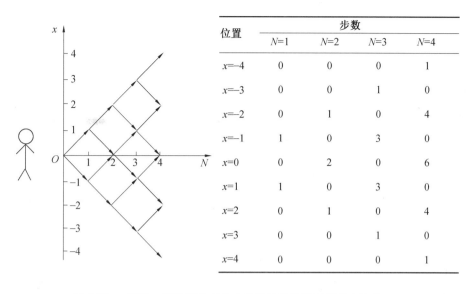

位置	步数			
	$N=1$	$N=2$	$N=3$	$N=4$
$x=-4$	0	0	0	1
$x=-3$	0	0	1	0
$x=-2$	0	1	0	4
$x=-1$	1	0	3	0
$x=0$	0	2	0	6
$x=1$	1	0	3	0
$x=2$	0	1	0	4
$x=3$	0	0	1	0
$x=4$	0	0	0	1

图 2.26　　进行一维无规行走及 4 步到达某位置可能的方法数

为什么高分子链的末端距分布问题可以用无规行走来研究呢？对于高分子链,从首端开始,如果将每一个链节依次视为向前迈出一步,则末端距等于各步矢量的加和,这与无规行走非常类似。如果链节的数目 n 足够多,则末端落在$[x,x+\mathrm{d}x]$之间的概率可以用末端距分布函数来表示,这是一种高斯(Gauss)型函数:

$$W(n,x)\mathrm{d}x = \left(\frac{3}{2\pi nl^2}\right)^{\frac{1}{2}} \mathrm{e}^{-\frac{3x^2}{2nl^2}}\mathrm{d}x \tag{2.42}$$

以 $W(n,x)$ 表示迈出 n 步后到达 x 位置的路径数为 W。不同于一维空间中的无规行走,真正的高分子链是在三维空间中运动的,因此需要把式(2.42)推广到三维空间(图2.27)。由于三维空间中 x、y、z 三个方向彼此独立,且分布概率相等,所以对于 y 轴和 z 轴方向的末端距分布函数依照式(2.42)分别写为

$$W(n,y)\mathrm{d}y = \left(\frac{3}{2\pi nl^2}\right)^{\frac{1}{2}} \mathrm{e}^{-\frac{3y^2}{2nl^2}}\mathrm{d}y \tag{2.43}$$

$$W(n,z)\mathrm{d}z = \left(\frac{3}{2\pi nl^2}\right)^{\frac{1}{2}} \mathrm{e}^{-\frac{3z^2}{2nl^2}}\mathrm{d}z \tag{2.44}$$

三个方向上进行三维无规行走的三个分量彼此独立,所以三维空间中的末端距分布函数等于三个一维末端距分布函数的乘积,如果令 $\boldsymbol{h}^2 = x^2 + y^2 + z^2$,则有

$$W(n,\boldsymbol{h})\mathrm{d}\boldsymbol{h} = W(n,x)\mathrm{d}x \cdot W(n,y)\mathrm{d}y \cdot W(n,z)\mathrm{d}z =$$

$$\left(\frac{3}{2\pi nl^2}\right)^{\frac{3}{2}} \exp\left[\frac{-3}{2nl^2}(x^2+y^2+z^2)\right]\mathrm{d}x\,\mathrm{d}y\,\mathrm{d}z =$$

$$\left(\frac{3}{2\pi nl^2}\right)^{\frac{3}{2}} \exp\frac{-3}{2nl^2}\boldsymbol{h}^2\mathrm{d}\boldsymbol{h} \tag{2.45}$$

式(2.45)的物理意义是分子链的首端在坐标原点,通过无规行走,末端出现在$(x,$

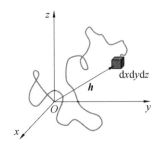

图 2.27　分子链首端固定在原点，进行三维无规行走
后的末端距分布示意图

$y，z$）附近的概率。不难看出，末端距分布函数除了与末端坐标位置相关外，还与分子链的 n 和 l 相关。在理想链中，n 和 l 分别表示成键数目及键长；而在等效自由连接链中，则表示 Kuhn 链段数 Z 和 Kuhn 链段长度 b。

2.末端距径向分布函数

如果只关注末端距离而不考虑方向问题，则可以用球坐标（$h，\theta，\varphi$）表示末端向量，且把方向参数也去掉，于是在式（2.45）的基础上得到：

$$P(h) = \int_0^\pi \int_0^{2\pi} \left(\frac{3}{2\pi nl^2}\right)^{3/2} \exp\left(-\frac{3h^2}{2nl^2}\right) h^2 \sin\theta \,\mathrm{d}\theta \,\mathrm{d}\varphi =$$
$$\left(\frac{3}{2\pi nl^2}\right)^{3/2} \exp\left(-\frac{3h^2}{2nl^2}\right) 4\pi h^2 \qquad (2.46)$$

式（2.46）的意义为分子链首端在原点，末端在半径为 h 的球面上出现的概率，也称为末端距径向分布函数。图 2.28 给出了末端距分布函数和末端距径向分布函数的曲线。可以看出末端距分布函数中，h 概率最大值出现在原点，也就是说经过 n 步无规行走后，首端和末端重合的概率最大。某一 h 的概率随着首端与末端之间距离的增加而减小，这就意味着如果对一条分子链中链段的运动不加干涉（没有远程作用及空间位阻效应），让其无规行走，则分子链有蜷曲的倾向，无规线团才是高分子链的自然形状，因此无规线团成为高分子链的代名词。

在末端距径向分布函数中，可以得到最可几的末端距 h^*（末端距径向分布函数导数为零的极值点），令 $\dfrac{\mathrm{d}P(h)}{\mathrm{d}h}=0$，求得最可几末端距 h^* 为

$$h^* = \left(\frac{2}{3}n\right)^{1/2} l \qquad (2.47)$$

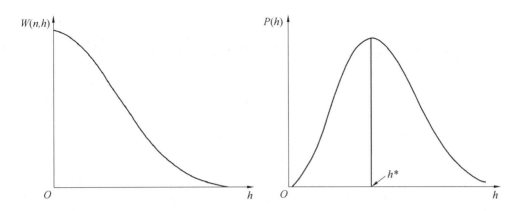

图 2.28　自由连接链中末端距分布函数和末端距径向分布函数

3.Gauss 等效链段

在等效自由连接链中,一条高分子链被等效为若干个 Kuhn 链段,其中每一个 Kuhn 链段由运动具有相关性的若干个结构单元所构成,Kuhn 链段彼此之间的运动相互独立。如果进一步将若干个 Kuhn 链段等效为一个新链段,这个新链段的末端距径向分布函数也是 Gauss 型分布,那么新链段称为 Gauss 等效链段。显然,相对于 Kuhn 链段,Gauss 等效链段的平均长度更大,内部含有的结构单元数量更多。可以认为 Gauss 等效链段和 Kuhn 等效链段分别对应着高分子链段在尺寸意义上的上下限(图 2.29)。

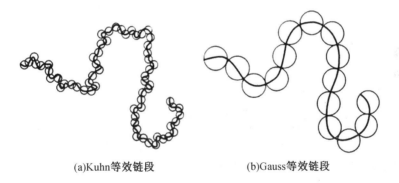

(a)Kuhn等效链段　　　　　　(b)Gauss等效链段

图 2.29　Kuhn 等效链段和 Gauss 等效链段的对比

相比于 Kuhn 等效链,Gauss 等效链模型具有更普遍的意义,原因在于每一个 Gauss 等效链段和整条分子链一样,末端距径向分布函数都符合 Gauss 分布,这就使分子链整体和 Gauss 链段局部之间有了自相似性,为后面分形理论的研究奠定了基础。

2.5　影响高分子链柔顺性的因素

分子链的柔顺性反映了 σ 单键的内旋转能力和高分子链构象的改变能力,是高分子区别于金属、陶瓷和无机小分子的一个显著特性,因此柔顺性的差异将直接影响高分子的基本性质及应用。通常柔顺性较好的高分子在室温下可以用作橡胶材料,而相对较差的高分子则作为塑料材料使用。分子链的柔顺性通常受自身结构和外界条件两方面因素影响,自身结构因素又可以细分为主链结构、取代基、分子间相互作用、支化和交联等方面;外界条件因素则体现为温度、频率及增塑剂等。本节内容将着重讲述如何通过高分子的结构,定性地对分子链的柔顺性做出评价,进而推测其潜在应用。值得注意的是,分子链的柔顺性和高分子材料的柔顺性是不同的概念,在很多情况下二者是不一致的。本节将详细介绍它们之间的差别。

2.5.1 主链结构的影响

1.完全由单键构成的主链

C—C 单键是 σ 键,可以绕轴旋转,如果高分子主链中只含有 C—C 单键,那么一般具有较好的柔顺性,且键长越长,键角越大,相邻两个 C 原子空间位置越远,旋转过程中的空间位阻越小,柔顺性越好。单根聚乙烯分子链完全由 C—C 单键构成,C—C 单键的键角为 109.5°,键长为 0.154 nm,具有很好的柔顺性。相比之下,聚二甲基硅氧烷中 Si—O—Si 的键角为 142°,键长为 0.164 nm,因此从键长和键角角度分析,它的柔顺性会更好。

杂链高分子中,主链上除了 C 原子外,还含有 O 和 N 等杂原子,如聚醚、聚甲醛和聚氨酯等高分子。杂原子的引入,不仅会改变键长和键角,也会减少取代基数目,从而使 σ 键的内旋转更容易,往往会提高柔顺性。如聚甲醛分子主链中 C—O 键的键长和键角与 C—C 键相似,但 O 原子上没有任何原子或取代基,大大降低了内旋转位阻,因此聚甲醛的柔顺性优于聚乙烯。单键结构主链的柔顺性一般有如下规律:

$$—Si—O— \ > \ —C—N— \ > \ —C—O— \ > \ —C—C—$$

从上面的规律中可见,虽然 N 原子上通常会连有一个原子或取代基,但是 C—N 键的柔顺性优于 C—O 键,这是因为 C—N 键键角相对较大(117°)。对于聚二甲基硅氧烷中的 Si—O 键来讲,除了键长较长和键角较大的因素外,O 原子上没有任何取代基是柔顺性提高的另一个重要因素。Si—O 键内旋转势能仅为 1.0 kJ/mol,即使在很低的温度下依旧能够自由旋转改变构象,因此聚二甲基硅氧烷是目前柔顺性最好的高分子材料,可以用作耐低温橡胶。

2.存在不饱和键的主链

(1)孤立双键。

C＝C 双键虽然因为 π 电子云的不对称交叠特性不可以内旋转,但 C＝C 双键与 C—C 单键之间的键角会增大到 120°,而且 C＝C 双键上取代基的数目会减少,造成 C—C 单键的内旋转更容易(图 2.30)。因此,主链中含有孤立 C＝C 双键的高分子,一般柔顺性都很好。日常生活中,很多橡胶材料的主链上都存在孤立 C＝C 双键,如顺式聚 1,4－丁二烯。

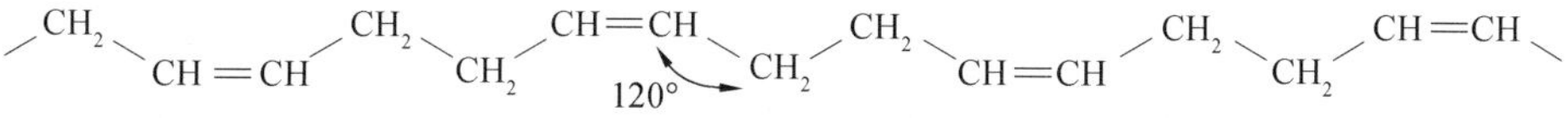

图 2.30 孤立双键对柔顺性的影响

（2）共轭双键。

由于 C＝C 不能内旋转，主链上一旦含有共轭双键，π 电子云会相互交叠形成大 π 键，所有的化学键都不可以旋转，柔顺性会极大降低，整条高分子链呈现刚性结构。因此，对于导电高分子，如聚乙炔、聚砜等，柔顺性都非常差（图 2.31）。同样，如果主链上含有芳香环，芳香环不仅自身不能旋转，有时还可以和相邻原子形成共轭结构，进一步限制主链内旋转，导致高分子主链的柔顺性下降，如主链上含有苯环的聚碳酸酯和聚砜都是非常刚性的高分子，主要用作工程塑料。主链中的芳香环越多，柔顺性越差，如芳香族尼龙的柔顺性明显低于脂肪族尼龙。

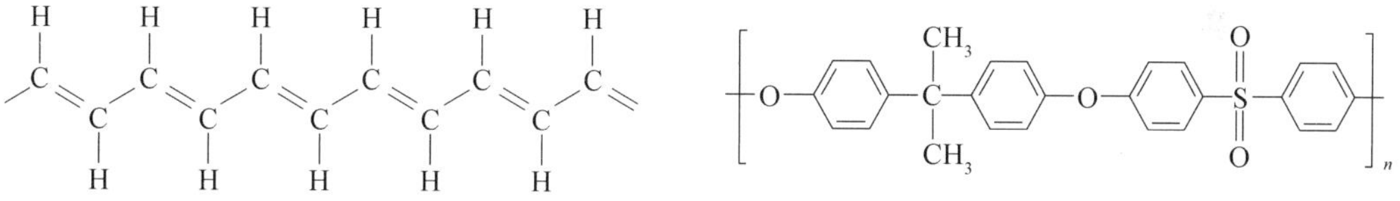

(a) 聚乙炔 (b) 聚砜

图 2.31 聚乙炔和聚砜的结构式

2.5.2 取代基的影响

1. 取代基的极性

研究取代基对柔顺性的影响，首先要考虑极性。取代基的极性越强，基团之间的相互作用越强，对 C—C 单键内旋转的限制越大，柔顺性越差。由于基团的极性顺序从大到小为 —C≡N＞—Cl＞—CH_3，因此含有这些侧基的高分子链的柔顺性从高到低为聚乙烯 ＞ 聚丙烯 ＞ 聚氯乙烯 ＞ 聚丙烯腈（图 2.32）。

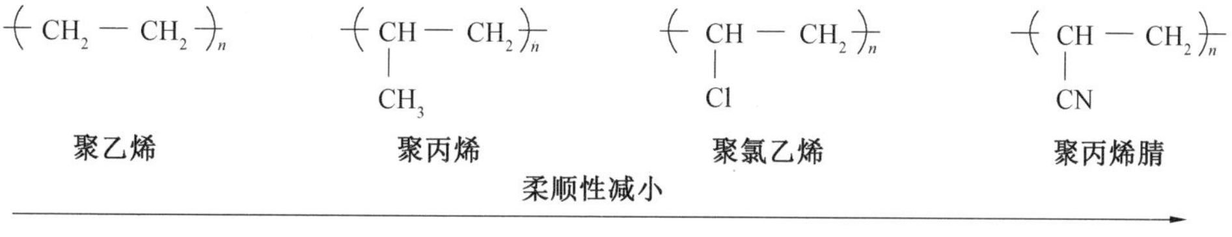

聚乙烯　　　　　聚丙烯　　　　　聚氯乙烯　　　　　聚丙烯腈

柔顺性减小

图 2.32 取代基极性对分子链柔顺性的影响

2. 极性取代基的数量

除极性外，极性取代基的数量也会对柔顺性产生影响。极性取代基在高分子链上分布的密度越高则柔顺性越差，如氯化聚乙烯的柔顺性要优于聚氯乙烯。

3.取代基的空间位阻

在非极性基团的侧基中,要考虑空间位阻效应的影响。侧基的体积越大,对主链内旋转的限制越强,柔顺性越差。图2.33中,聚乙烯基咔唑、聚苯乙烯、聚丙烯和聚乙烯4种高分子的柔顺性依次增强。

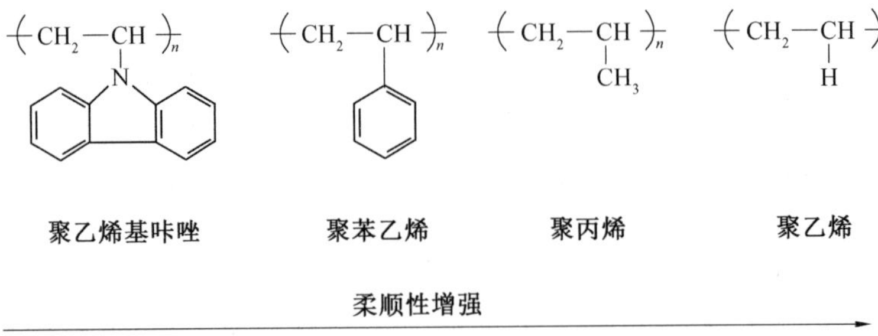

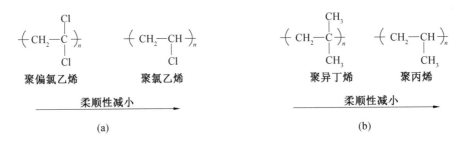

图 2.33　取代基空间位阻对分子链柔顺性的影响

4.取代基的对称性

取代基的影响中有一个特例:侧基虽然有一定的体积或极性,但侧基在主链上呈对称分布,因为极性部分抵消,且主链之间的距离增大反而使单键的内旋转更容易,致使柔顺性提高。如虽然聚偏氯乙烯中,极性取代基 —Cl 的数量要多于聚氯乙烯,但由于 Cl 原子对称分布,所以它的柔顺性要优于聚氯乙烯(图2.34(a))。同理,聚异丁烯中含有两个对称分布的 —CH$_3$ 取代基,柔顺性要优于含有一个 —CH$_3$ 的聚丙烯,在日常生活中作为橡胶材料使用(图2.34(b))。

聚偏氯乙烯　　　聚氯乙烯　　　　　　聚异丁烯　　　聚丙烯

柔顺性减小　　　　　　　　　　　　柔顺性减小

(a)　　　　　　　　　　　　　　　(b)

图 2.34　取代基对称分布对分子链柔顺性的影响

2.5.3　其他因素的影响

1.支化与交联

支化和交联结构的出现,会限制主链上 σ 单键的内旋转,导致柔顺性下降。一般来说,如果交联度不是很高,对柔顺性的影响并不明显;而一旦交联度达到一定程度,则会明显降低高分子链的柔顺性。如天然橡胶需要经过硫化交联才可以使用,含硫量(硫的质量分数,下同)为 2.0% ~ 5.0% 的橡胶弹性非常好;而橡胶中含硫量达到 20% 以上后,弹性明显下降,材料变脆,导致失去橡胶的使用价值。

2.分子间的相互作用

分子间的相互作用力越大,对主链内旋转的限制越严重,分子链的柔顺性也越差。高分子中,最常见的分子间相互作用是范德瓦耳斯力,它的大小与主链或侧基的结构有关。"极性 — 极性"基团之间的范德瓦耳斯力主要以静电力为主,而"非极性 — 非极性"基团之间的范德瓦耳斯力主要为色散力。静电力的作用远大于色散力,因此随着极性的提高,分子间的作用力增强,导致单键内的旋转位垒升高,柔顺性下降。

如果分子间有氢键生成,则氢键的影响要超过任何极性基团,可大大提高分子链的刚性。从单根分子链判断,聚酰胺的主链由 C—C 和 C—N 等 σ 键构成,应该具有非常好的柔顺性;然而,在实际应用中,聚酰胺只能作为塑料使用,不能用作橡胶,主要原因在于聚酰胺分子链间形成氢键,严重限制了主链的内旋转,导致柔顺性下降。纤维素和蛋白质分子都属于刚性分子,也是因为分子链间能够形成非常强的氢键作用。

综上所述,高分子链的柔顺性与高分子材料的柔顺性是不同的概念。对于前者,只需要从单根分子链结构进行判断;而对于后者,除了分子链结构这个主要因素外,还要考虑分子间的相互作用、结晶及外界环境等诸多因素的影响。

3.分子链的规整度

高分子的晶区依靠分子链的折叠形成。高分子链结构越规整,对称性越好,结晶能力越强。一旦结晶,分子链将被严格限定在晶格内,造成内旋转困难,柔顺性大大降低。从分子链结构角度分析,聚乙烯中的 C—C 单键具有很好的柔顺性,理论上聚乙烯可以用作橡胶。但实际生活中,因分子链规整性特别好(高密度聚乙烯的结晶度可达 98%),极易结晶,结晶区中的聚乙烯分子链受晶格限制,柔顺性明显下降,导致聚乙烯只能作为塑料而不能作为橡胶使用。

4.分子量

当分子链很短时,能够旋转的单键数目很少,高分子的构象数也很少,必然呈现刚性,因此有机小分子不具有柔顺性。在一定范围内,随着聚合度和分子量的增加,分子链的柔顺性将显著提高;当分子量增大到一定程度后,分子链的构象数服从统计规律,此时高分子的柔顺性与分子量的关系不大。

5.外界影响因素

能够影响分子链柔顺性的外界因素很多,如溶剂、增塑剂、温度和作用频率等,这里主要介绍温度和作用频率的影响。通常情况下,温度越高,分子链的柔顺性越好。随着温度的升高,分子的内能增大,容易克服位垒,实现常温下无法进行的旁式构象和反式构象之间的转化,因此高分子链的柔顺性提高。如常温下的各种塑料,当温度升高到玻璃化温度 T_g 以上,将具备橡胶材料所特有的高弹性。

以上对柔顺性的分析，都是基于分子链不受外力作用时的结果。当分子链受到外力作用时，外力的作用频率必须考虑。高分子链的柔顺性是通过 σ 键的内旋转实现的，如果主链上 σ 键的内旋转可以与外力作用频率匹配，则分子链容易展现出较好的柔顺性；反之，如果外力的作用频率非常快，σ 键内旋转远低于外力作用频率，分子链无法通过内旋转改变构象展示柔顺性，此时的分子链呈现刚性。通常，作用力的频率越高，分子链的刚性越强。高速行驶的汽车容易爆胎，就是这个原因。

2.6　聚合物的分形本质

2.6.1　分形的概念及自相似性

分形（fractal）原本是几何学中的概念，以不规则几何形态作为研究对象。分形理论由 Mandelbrot 于 20 世纪 70 年代创立，并很快引起了各个学科领域的关注，如：天文学用来研究眼花缭乱的繁星的数量；气相学用来研究多棱的雪花片的周长；解剖学用来研究纵横交错的血管的长度；地理学用来研究起伏不平的山脉的面积（图 2.35）。这些看似复杂、无从入手的"图案"，却恰恰是分形几何学的研究对象。自然界中不规则的物体无处不在，数量远远多于规则几何体，因此研究不规则几何体的分形几何学又被称为描述大自然的几何学。本书将利用分形理论研究错综复杂的高分子链。

分形几何体通常被定义为一个粗糙或零碎的几何形状，它可以被分成数个部分，且每一部分都（至少近似的）是整体缩小后的形状。这种整体和局部的相似性，被称为"自相似性"。由于分形几何体通常是粗糙或零碎的，所以它们并不以常见的一维、二维或三维等整数维形式存在，而是以非整数维的形式填充空间。在分形理论中，最重要的两个概念就是自相似性和分形维数，在后面介绍高分子链对应的各种溶剂的内容中，会看到同一条高分子链在良溶剂、劣溶剂和理想溶剂中的分形维数是不相同的。

为了更直观地描述自相似性，图 2.36 展示了自然界中病毒、花椰菜和树叶的形态。以病毒为例，对于整个病毒（整体），可以将其看成是一个"大球"上面有若干"小球"；如果将其中的一个"小球（局部）"放大，会发现这个小球上面还有若干"更小的球"。因此可以将病毒的整体看作其局部的放大版，这就是自相似性的体现。同理，仔细观察后会发现花椰菜和树叶中也有明显的自相似性。

自相似性通常分为两种情况。一种是"完全自相似"，即局部放大后完全就是整体的"克隆版"，稍后介绍的谢尔平斯基（Sierpinski）镂垫和科赫（Koch）曲线就是完全自相似几何体的代表。另一种是"统计学自相似"，它是指局部放大后和整体并非完全一致，将众多局部放大进行统计平均后，与整体具有一定的相似性。以病毒为例，整个病毒"大球"上可能有 100 个"小球"，如果把某个"小球"放大，这个"小球"上有 90 个"更小的球"；另一

图 2.35　分形几何学的研究对象:浩瀚的星空、多棱的雪花片、复杂的人体血管和连绵起伏的群山

图 2.36　病毒、花椰菜和树叶的分形结构

个"小球"放大后,上面有 110 个"更小的球";众多"小球"统计平均的结果显示局部和整体是相似的。而分形几何体的定义中并没有要求整体和局部"完全相似",只是要求两者

之间"近似的相似",这种"近似的相似"即"统计学自相似"。图 2.35 中连绵起伏的群山、图 2.36 中病毒以及高分子链的自相似性都是统计学自相似。"近似的"是一个很模糊的概念,分形理论认为只要质量和尺寸的关系一致,整体和局部就具有自相似性。如何确定整体和局部的质量、尺寸的关系呢? 这就涉及分形理论中另一个重要概念:分形维数。

2.6.2　完全自相似图案的分形维数

先来看图 2.37 中的 Sierpinski 镂垫:实心等边三角形的三条边取中点,然后连线得到 1 个等边三角形;将这个等边三角形去除后,在初始等边三角形上就会出现 3 个等边三角形,称为第 1 代 Sierpinski 镂垫。之后,对第 1 代 Sierpinski 镂垫中的 3 个等边三角形进行相同处理,会得到含有 9 个等边三角形的第 2 代 Sierpinski 镂垫。如此循环,就可以得到第 n 代 Sierpinski 镂垫。如果将每一代镂垫局部放大,都和上一代镂垫完全一致,因此 Sierpinski 镂垫具有完全自相似性。对于不规则几何体的空间维数,通常由自相似性来确定,称为分形维数。显然,Sierpinski 镂垫的分形维数和实心三角形是有差异的,需要建立质量和尺寸的关系确定它的分形维数。

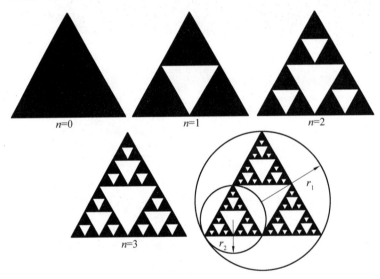

图 2.37　Sierpinski 镂垫

本书中的几个常用符号:"$\cong$"表示数值近似相等,如 $\pi \cong 3.14$;"$\approx$"表示两端的量级相同且量纲也相同,如 $V \approx r^3$;"$\sim$"表示两端的参数具有一定的关联性,但是量纲不同,如 $m \sim r^3$(质量的量纲为"g",而 r^3 的量纲为"m^3")。以球体为例,可以这样使用上述 3 个符号:

$$V = \frac{4}{3}\pi r^3 \cong 4.32 r^3 \approx r^3 \sim m$$

在分形理论中,一个重要的特点是只关注分形维数,并不关注系数。对于球体,

$m \sim r^3$，而球体的空间维数恰好是三维；对于立方体，$m \sim l^3$（l 为边长）；对于三角形，$m \sim l^2$。由此可见，当质量和尺寸的关系确立后，尺寸的幂指数对应着几何体的空间维度，利用这个方法就可以获得不规则几何体的分形维数。

1.建立图案质量与外接圆尺寸之间的关系

以 Sierpinski 镂垫为例，假如每一代 Sierpinski 镂垫都有质量，相邻两代镂垫各作一个外接圆，圆内图案的质量与外接圆半径之间满足如下关系：

$$m = Ar^D \tag{2.48}$$

式中，m 为外接圆内图案的质量；A 为比例系数；r 为外接圆半径；D 为分形维数。

图 2.37 中，大外接圆的半径是小外接圆的 2 倍，但是大圆内图案的质量则是小圆内图案质量的 3 倍。因此，可以得到如下关系：

$$m_1 \sim A\, r_1{}^D = A(2r_2)^D \tag{2.49}$$

$$m_1 = 3m_2 \sim 3Ar_2^D \tag{2.50}$$

式（2.49）和式（2.50）中等号的左边均为 m_1，因此

$$A(2r_2)^D = 3Ar_2^D \tag{2.51}$$

$$D = \frac{\lg 3}{\lg 2} = 1.58 \tag{2.52}$$

空心的 Sierpinski 镂垫的分形维数是非整数 1.58 维，与实心二维等边三角形的分形维数是不同的。利用"建立相邻两代图案外接圆，然后分析圆内图案质量和外接圆半径之间关系"的方法，还可以求出其他具有自相似性特点图案的分形维数。图 2.38 是著名的 Koch 曲线：将一条线段三等分，之后以中间线段为底边做等边三角形后擦去底边，得到第 1 代由 4 线段组成的 Koch 曲线；接下来对 4 线段均重复上面操作，得到由 16 线段组成的第 2 代 Koch 曲线。继续重复上述操作，将得到更多代的 Koch 曲线。对第 4 代和第 3 代 Koch 曲线作外接圆，大圆半径是小圆的 3 倍，而大圆内图案的质量是小圆内的 4 倍，根据 Sierpinski 镂垫的推导过程，可得 Koch 曲线的分形维数为 $D = \lg 4/\lg 3 = 1.26$。

分析 Sierpinski 镂垫和 Koch 曲线，可以总结出这样的规律：对于完全自相似的图案，如果相邻两代图案外接圆半径之间 $r_1 = C_r r_2$，质量之间 $m_1 = C_m m_2$，则该图案的分形维数为

$$D = \frac{\lg C_m}{\lg C_r} \tag{2.53}$$

2.建立图案数目与外接圆尺寸之间的关系

对于完全自相似的图案，除了"建立相邻两代图案外接圆，分析圆内图案质量和外接圆半径之间关系"的方法外，也可以通过分析图案数目与外接圆半径之间的关系来确定分形维数。如果一个图案在尺度上放大 L 倍，能得到 Y 个初始图形，则 Y 和 L 满足如下关系：

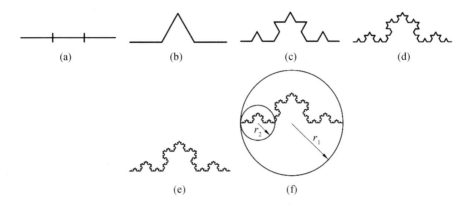

图 2.38　Koch 曲线

$$Y = L^D \tag{2.54}$$

$$D = \frac{\lg Y}{\lg L} \tag{2.55}$$

利用该方法确定规则几何体分形维数的方法如下。对于等边三角形,把边长延长到原来的 4 倍,将会得到 16 个面积和初始等边三角形一致的图案,根据式(2.55),它的分形维数 $D = 2$。同理,对于立方体,如果把边长延长到原来的 2 倍,那么将得到 8 个体积和初始立方体一致的立方体,所以 $D = 3$。对于 Sierpinski 镂垫,当把镂垫的边长延长到原来 2 倍时,增加的图案数目是原来的 3 倍,因此它的分形维数将是 $D = \lg 3 / \lg 2 = 1.58$。运用相同的方法,将 Koch 曲线的尺寸增大到原来的 3 倍时,增加的图案数目是原来的 4 倍,因此 Koch 曲线的分形维数 $D = 1.26$(图 2.38)。

2.6.3　理想链的分形维数

图 2.39 所示为计算机模拟的理想链自相似结构示意图。首先,当把局部放大后,发现该段分子链依旧呈无规线团构象,看起来与整条高分子链一样混乱,直觉上局部与整体有一定的相似性。分形理论并没有要求图案的局部与整体完全一致,只要"近似的相似"即可。其次,在 2.4 节介绍的 Gauss 链模型中,整条分子链的末端距径向分布函数是满足 Gauss 分布的,如果某个链段的末端距径向分布函数也满足 Gauss 分布,则把这个链段称为 Gauss 链段。由此,整条高分子链可以看作由若干个 Gauss 链段连接而成,每个链段与整条高分子链一样,末端距径向分布函数都满足 Gauss 分布。从这个角度分析,高分子链的整体和局部之间具有自相似性。不同于 Sierpinski 镂垫和 Koch 曲线,高分子链的自相似性是统计学自相似。

无论完全自相似的图案还是统计学自相似的图案,质量和尺寸的关系不仅适用于整体,也适用于局部。下面介绍如何确定高分子理想链的分形维数。

对于分子链,其质量 m 应该和聚合度 n 相关,即 $m \sim n$。对高分子链局部作外接圆(图 2.39),由外接圆半径会联想到均方回转半径 $\langle R_g^2 \rangle$,然而均方回转半径很难通过理论

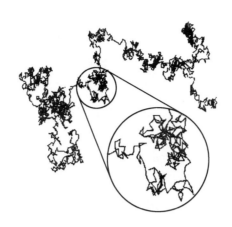

图 2.39　计算机模拟的理想链自相似结构示意图

研究获得。根据式(2.41),理想链的均方末端距$\langle h^2 \rangle$是均方回转半径$\langle R_g^2 \rangle$的 6 倍,因此,将研究均方回转半径$\langle R_g^2 \rangle$的问题转换成研究均方末端距$\langle h^2 \rangle$的问题。根据式(2.23),高分子理想链的无扰均方末端距$\langle h^2 \rangle_0$与聚合度 n 之间的关系为$\langle h^2 \rangle_0 = Cnl^2$,其中 l 为键长,C 为 Flory 特征比。对于一条长链高分子,C 可以看作 Flory 极限特征比C_∞,式(2.23)可以转化为$\langle h^2 \rangle_0 = C_\infty nl^2$。由于 C_∞ 和 l 都是常数,在分形理论的研究中可以作为系数忽略掉。因此,会得到这样的关系:$m \sim n \sim \langle h^2 \rangle_0$。从中可以看出,高分子链在无扰状态(理想状态)下,分形维数 $D = 2$。

不同于 Sierpinski 镂垫和 Koch 曲线,将理想链的局部放大后,其构象是不能与整条高分子链完全一致的,这种自相似性只是统计意义上的相似,如果具体到某一特定构象是不成立的。完全自相似的分形图案,其自相似性是不受尺度限制的,也就是说它们的自相似性可以无限代延续下去。而高分子链的自相似性受尺度限制,如果研究尺度小于 Gauss链段长度或大于整条高分子链长度,显然都不满足自相似性。除此之外,外部环境也会对高分子链的分形维数产生影响,后面会介绍在良溶剂中,高分子链的分形维数 $D = 5/3$;而在劣溶剂中,分形维数 $D = 3$。

2.7　理想链的自由能

2.7.1　统计热力学研究

之前都是基于统计热力学理论得到理想链的各种物理化学参数,本书将进一步引入标度理论研究高分子链的性质。本章通过理想链亥姆霍兹自由能的求解,简单讨论标度理论在高分子物理中的应用。先来看依照统计热力学理论如何得到分子链受力 f 与末端距 h 之间的关系。

对于一条高分子链,根据统计热力学理论,它的亥姆霍兹自由能为

$$F = U - TS \tag{2.56}$$

式中,U 为内能;T 为绝对温度;S 为构象熵(与微观状态数 Ω 有关),在物理化学中,S 的表达式为

$$S = k \ln \Omega \tag{2.57}$$

其中,k 为玻尔兹曼常数,数值为 1.38×10^{-23} J/K。

微观状态数和高分子链中结构的单元数目相关,单元数量越大状态数越多;由于微观状态对应着高分子链在空间的构象,因此也与末端距 h 相关。对于一条聚合度为 n、末端距为 h 的高分子链,其构象数记为 $\Omega(n, h)$,则

$$S(n, h) = k \ln \Omega(n, h) \tag{2.58}$$

经数学推导后,对于结构单元尺寸为 l 的理想链,其熵值可以写为

$$S(n, h) = -\frac{3}{2} k \frac{h^2}{nl^2} + S(n, 0) \tag{2.59}$$

式中,$S(n, 0)$ 表示末端距为零(首端和末端重合)时,分子链的熵值,它只与聚合度 n 相关。

由式(2.59)可以看到,当高分子链从末端距为零伸展到末端距为 h 时,熵值是减小的,且减少的数值与伸展程度相关。因此,对于高分子链,其末端距为零时,构象数最多,熵值最大。

结合式(2.56)和式(2.58),高分子链的亥姆霍兹自由能可以进一步写为

$$F(n, h) = U(n, h) - TS(n, h) \tag{2.60}$$

对于理想链,结构单元之间没有相互作用,所以理想链的内能 $U(n, h)$ 与末端距无关,可以写成 $U(n, 0)$。在此基础上,式(2.60)可以进一步写为

$$F(n, h) = F(n, 0) + \frac{3}{2} kT \frac{h^2}{nl^2} \tag{2.61}$$

从式(2.61)中可以看到,当高分子链的末端距从零伸展到 h 时,亥姆霍兹自由能是增加的,这一点与拉伸后弹性势能增大的理想弹簧类似。理想弹簧满足胡克定律,即拉力与拉伸长度之间的比例系数为常数。事实上,高分子理想链也满足胡克定律。根据橡胶弹性方程(对于此方程,本书不做过多解释,可查阅高分子物理相关资料获得)

$$f = \left(\frac{\partial U}{\partial l}\right)_{T, V} - T\left(\frac{\partial S}{\partial l}\right)_{T, V} \tag{2.62}$$

等温拉伸体积不变的情况下,橡胶所受拉力等于亥姆霍兹自由能对拉伸长度的导数。对于从末端距为零开始伸展的理想链,拉伸长度即末端距 h。据此,对式(2.61)求导(式(2.61)中 $F(n, 0)$ 与末端距 h 无关,因此求导时为零):

$$f = \frac{\partial F(n, h)}{\partial h} = \frac{3kT}{nl^2} h \tag{2.63}$$

从式(2.63)可以看到,对理想链进行拉伸时,拉力 f 与末端距 h 之间的关系满足胡克定律,比例系数 $3kT/nl^2$ 是定值,称为熵弹系数。对于一条高分子链,熵弹系数越小,越易拉伸。降低熵弹系数的方法是增加聚合度 n,增大长度 l,降低温度 T。熵弹系数与温度成正比,这正是熵弹性的特点,也是聚合物区别于其他材料的特性。金属和陶瓷等材料都是随着温度 T 的升高,而越来越"软";如打造铁制工具时,需要在高温条件下进行以便于成型。然而对于高分子,其温度越高,热能(kT)越大,分子链内旋转时能够克服更高的位垒,实现更多的构象,构象熵越大。所以相比于较低温度,高温下将分子链拉伸相同的长度,所损失的构象数越多,需要做的功越多,需要的力越大,熵弹系数越大。

高分子链中拉力 f 和末端距 h 的线性关系是有条件的,只有在 $h \ll h_{max}$ 时,线性关系才成立。当末端距接近 h_{max} 时,由于形变很大,每个构象的势能不同,所以每个构象出现的概率不再相等。此时需要利用与势能相关的配分函数求出自由能,再对形变求导得到拉力与形变之间的关系,这种关系称为朗之万(Langevin)关系,在本书中不做详细介绍。

2.7.2　标度理论研究

本节采用标度理论研究高分子链在外力作用下,末端距 h 与外力 f 之间的关系,讨论其是否依旧满足胡克定律。

人们常说,蚂蚁可以举起自身体重数倍的重物,而人类却没有这样的能力。那么当把蚂蚁的尺寸放大到和人类一样时,它还有这样的本事吗?假设把蚂蚁的尺寸按照比例放大为原来的 n 倍,由于体重与体积成正比,所以体重将变为原来的 n^3 倍。对于生物来说,力量通常正比于肌肉的横截面积。当尺寸增大为原来的 n 倍后,肌肉横截面积将变为原来的 n^2 倍。不难看出,随着尺寸的增加,体重增加的速度远快于肌肉力量增加的速度;当尺寸到达某一点时,腿部肌肉将因无法承受自身体重而断裂。所以越小的动物,相对于自身体重来说,力气越大。

自然界中,很多物理量之间就像体重和肌肉力量一样,不是 $1:1$ 的线性关系。典型的例子就是儿童用药。药物的研发通常是以成人为标准,对于儿童的用药剂量一般依据体重进行估算。很多人认为,如果儿童体重是成人的 $1/3$,那么用药量也应该是成人的 $1/3$。然而,这种方法是错误的,因为药物的效率与人体的代谢率成正比,而代谢率却与体重的 $3/4$ 次幂成正比。显然,如果简单地用 $1:1$ 的关系来衡量体重与用药量,很容易造成儿童过量用药。如何描述用药量与体重的关系呢?可以用幂律来阐述,其表达式为

$$y = A \cdot x^v \tag{2.64}$$

幂律是描述自相似性规律最简单的方程,也称为标度律方程。在分形理论的介绍中,强调对于自相似性只关注幂指数 v,而并不关注系数 A。因此,可以将式(2.64)进一步写成式(2.65),即

$$y \sim x^v \tag{2.65}$$

这里的幂指数 v 就是标度,它与分形维数 D 之间的关系是:$v = 1/D$。在理想链中,可以将聚合度 n 与末端距 $\boldsymbol{h}$ 之间的关系写成 $n \sim \langle h^2 \rangle_0$,也可以写成 $\boldsymbol{h} \sim n^{1/2}$。前者 $\boldsymbol{h}$ 的幂指数为分形维数 D,而后者 n 的幂指数为标度 v。

"$\sim$"代表运算符号两端的物理参数具有某种相关性,但是量纲并不相同。因此,可以将体重与尺寸、用药量与体重建立起联系。在蚂蚁的例子中,尺寸为 x,体重和肌肉横截面积为 y,对应的指数 v 分别为 3 和 2。在用药量与体重的例子中,如果把体重作为 x,用药量作为 y,则指数 v 为 3/4。由此可见,很多物理量之间的关系并不是 1:1。标度理论研究的即模型内的各个物理量随着规模的变化而产生的变化关系,如分形理论研究的就是 Koch 曲线和 Sierpinski 镂垫质量是如何随着外接圆半径变化的。

对于高分子,用标度理论进行分析时,需要认识到分子链的大部分构象熵源自最小尺度上的构象自由度,即不同尺度上分子链的构象有不同的行为。把一条高分子链(聚合度为 n,键长为 l)划分成数个尺寸为 ξ 的链团,根据分形理论中对高分子链自相似性的介绍,每一个链团里包含的链段都应该是 Gauss 链段,这样的链团称为"张力团",其中包含的结构单元数目为 g。在分子链上,当尺寸小于 ξ 时,构象可以看作理想的自由连接链;当尺寸大于 ξ 时,随着张力团被拉伸,整条高分子链呈现伸展构象(图 2.40)。因为每一个张力团内的链段都是自由连接链,根据自由连接链均方末端距 $\langle h^2 \rangle$ 与 n 的关系式(2.17)可以得到

$$\xi^2 \approx gl^2 \tag{2.66}$$

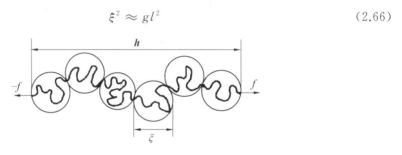

图 2.40　张力团的划分及高分子链的拉伸过程

含有 g 个单元的链段末端距在任意坐标轴上的均方投影均服从理想链统计关系。在高分子链中,张力团的数目为 n/g 个,因此高分子链的末端矩 $\boldsymbol{h}$ 应为

$$\boldsymbol{h} \approx \xi \frac{n}{g} \tag{2.67}$$

综合式(2.66)和式(2.67),可以得到 ξ 和 g 的表达式:

$$\xi \approx \frac{nl^2}{\boldsymbol{h}} \tag{2.68}$$

$$g \approx \frac{n^2 l^2}{\boldsymbol{h}^2} \tag{2.69}$$

从式(2.69)可以看出,张力团内部链段的分形维数 $D=2$。在理想链中,势能是不存在的,其热运动自由能完全取决于动能。根据能量均分定理,平衡态下,不论何种运动,相应于每一个可能自由度的平均动能都是 $1/2kT$。每一个张力团的二维热运动的链段自由能都应是 kT。在高分子链中,含有的张力团的数目为 n/g 个,所以整条分子链的亥姆霍兹自由能应为

$$F \approx kT\,\frac{n}{g} \approx kT\,\frac{\boldsymbol{h}^2}{nl^2} \tag{2.70}$$

依照式(2.63),亥姆霍兹自由能对末端距 $\boldsymbol{h}$ 求导后可以得到

$$f = \frac{\partial F}{\partial \boldsymbol{h}} = \frac{2kT}{nl^2}\boldsymbol{h} \approx \frac{kT}{nl^2}\boldsymbol{h} \tag{2.71}$$

通过标度理论所得的结果,依然证明了分子链伸展过程中所受外力 f 与末端距 $\boldsymbol{h}$ 之间的比例系数为常数。式(2.71)与式(2.63)的比例系数并不相同,这是所有标度理论计算的特征,即用简单的方法提炼出物理本质(分形维度 D 或标度 v),并不关注系数。结合标度理论,由于一个张力团只能储存 kT 能量,因此分子链只能在 ξ 尺度上维持自由连接链构象,即"不同尺度上分子链的构象有不同的行为"。4.1节还会采用标度理论对整条分子链进行各种尺度的划分,而在 ξ 尺度上对应的链段能量为 kT 会被经常用到。

课 后 习 题

1.论述聚合物三个结构层次及每个结构层次的主要研究内容。

2.下列聚合物结构中,属于一级结构研究对象的是哪一个?

　　A.分子链的构象　　　　B.液晶态　　　　　　C.支化和交联　　　　D.分子量及其分布

3.假定聚合物试样含有 3 个组分,每个组分的分子量分别为 10 000 g/mol、100 000 g/mol 和 200 000 g/mol,相应的质量分数分别为 0.3、0.4 和 0.3。请计算该试样的数均分子量 M_n、重均分子量 M_w、数均分子量分布宽度指数 σ_n^2 和多分散系数 d。

4.请推导当 $\alpha = -1$ 时,$M_\eta = M_n$。

5.下列聚合物中,存在顺反异构体的是哪种?

　　A.1,4 - 聚丁二烯　　B.1,2 - 聚丁二烯　　C.聚丙烯　　　　D.聚醋酸乙烯

6.如果不考虑键接异构,线型聚异戊二烯的异构体有多少种? 请画出结构式。

7.下列高分子链中,柔顺性最好的是哪种?

　　A.聚氯乙烯　　　　　B.聚甲基丙烯酸甲酯 C.聚苯乙烯　　　　　D.1,4 - 聚丁二烯

8.两条高分子链的主链长度相同,其中一条为线型链,另一条为支化链(主链上接枝数条短支链),请比较两条分子链无扰方末端距 $\langle \boldsymbol{h}^2 \rangle_0$ 的大小。

9.已知聚乙烯试样的聚合度为 5.0×10^4,C—C 键长为 0.154 nm,键角为 109.5°,试求:

(1) 把聚乙烯看作自由旋转链时的均方末端距;(2)若聚乙烯末端距符合 Gauss 分布,求最可几末端距。

10.聚乙烯分子链中 C—C 键长为 0.154 nm,键角为 109.5°,Flory 的极限特征比 $C_\infty = 7.4$,请计算 Kuhn 等效链段的长度 b 是多少。

11.请计算下图中 Sierpinski 毯的分形维数。

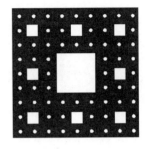

12.请根据平均场理论和标度理论推导高分子链在外力拉伸时的熵弹系数。

参 考 文 献

[1] SIFRI R J, PADILLA-VELEZ O P, GOATES G W, et al. Controlling the shape of molecular weight distributions in coordination polymerization and its impact on physical properties[J]. J. Am. Chem. Soc., 2020, 142:1443.

[2] WALSH D J, SCHINSKI D A, SCHNEIDER R A, et al. General route to design polymer molecular weight distributions through flow chemistry[J]. Nat. Commun., 2020, 11:3094.

[3] 蒋滢,陈征宇. 蠕虫状链模型在高分子物理研究中的应用[J]. 物理学报, 2016(65): 178201.

[4] 何曼君,张红东,陈维孝,等. 高分子物理[M]. 3 版. 上海:复旦大学出版社,2011.

[5] 鲁宾斯坦,科尔比. 高分子物理[M]. 励杭泉,译. 北京:化学工业出版社,2007.

[6] BUECHE F. Physical properties of polymers[M]. Oxford: Interscience Publishers, 1962.

[7] DOI M, EDWARDS S F. The theory of polymer dynamics[M]. Oxford: Clarendon Press, 1988.

[8] 吴其晔. 高分子凝聚态物理学[M]. 北京:科学出版社,2012.

[9] 袁莉,马晓燕,梁国正. 分形理论在聚合物中的应用进展[J]. 材料导报, 2003(17):151.

第3章 混合与相分离

高分子与溶剂混合时,一些溶剂能够将其很好地溶解,而另一些溶剂则不能。前一种情况下可形成热力学稳定的二元体系,也就是高分子溶液,此时的溶剂为良溶剂或 θ 溶剂;而后一种情况下则出现相分离,此时的溶剂为劣溶剂。

对高分子溶液的研究,从理论角度可以获得高分子化学结构、构象、热力学参数、分子量及其分布、高分子与介质之间相互作用等重要的信息;从实际应用角度,可以改进日常生活中使用的胶水、涂料和黏合剂的性能。本章将首先介绍高分子的溶解过程及溶剂选择的基本原理;然后从排除体积的角度分析理想高分子和真实高分子所对应的各种溶剂;接着介绍高分子和溶剂混合过程中的混合熵、混合热及混合吉布斯自由能等热力学参数;在此基础上介绍如何利用高分子溶液测试聚合物的分子量及其分布。

高分子的溶解和相分离在很多情况下是可以相互转化的,这点与小分子非常相似。如,在某一浓度下,高分子在溶剂中能够完全溶解,如果继续增大浓度,则会出现相分离。本章的最后将介绍高分子相分离及相图的相关知识。

3.1 聚合物的溶解过程及溶剂选择

3.1.1 聚合物的溶解过程

溶质分子分散在溶剂中形成均一溶液的过程即溶解。把糖块放到水中会发现糖块的体积逐渐减小,这是因为蔗糖分子逐渐向水中扩散,直至完全溶解消失,此时蔗糖和水在分子尺度上形成了均一溶液。高分子的溶解过程与小分子有很大差别。高分子长链上每个结构单元都可以近似地看成一个小分子,这就导致高分子的运动能力相对于小分子弱很多。因此,高分子溶解并不是高分子链向溶剂中扩散,而是运动能力更强的溶剂小分子向蜷曲的高分子无规线团内部扩散,这一差异导致了高分子的溶解过程有很多特殊现象发生,且聚合物的分子量、结构及凝聚态等因素都会对溶解过程产生巨大影响。下面分别介绍线型聚合物、交联聚合物和结晶聚合物的溶解过程。

1.线型聚合物

把线型聚合物放入良溶剂中,溶剂小分子在化学位的驱动下,会不断地向线型聚合物内部扩散,在此期间通过形成"链段－溶剂"之间的作用取代"链段－链段"之间的作用,导致链段与链段之间的距离越来越远,造成高分子体积相对于初始阶段膨胀,此过程称为溶胀。在经历了溶胀阶段后,溶剂分子会继续向高分子链内部扩散,溶胀程度加剧,最终导致分子链之间彼此彻底远离,不再有任何分子链间的作用,每一条分子链都可以在溶剂中自由游走,并从高浓度区域向低浓度区域扩散,最终形成均匀的溶液(图 3.1)。

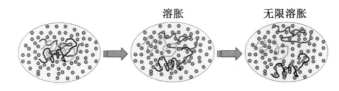

图 3.1　线型聚合物在良溶剂中的溶胀和溶解过程

聚合物分子量巨大,内部范德瓦耳斯力也非常大,并且分子链间还存在着物理缠绕,即使是良溶剂也不可能快速克服分子间作用力并进行解缠绕,因此高分子溶液形成均相体系所需要的时间要比小分子溶解长得多。相对于小分子,溶胀是高分子在溶解过程中所特有的现象。在溶胀过程中,溶剂分子扩散到高分子内部引起高分子链段运动,出现体积膨胀,此时分子链之间并未完全分开,依然存在相互作用或物理缠绕。

溶胀可以分为无限溶胀和有限溶胀。前者是指聚合物能够无限吸入溶剂分子,直至形成均相溶液,无限溶胀的实质就是溶解。放入良溶剂的线型或支化高分子,最终都会彻底溶解成均一溶液。如将聚苯乙烯放入四氢呋喃溶剂中,过一段时间观察到白色聚苯乙烯粉末与四氢呋喃形成均一透明的溶液,溶液黏度比四氢呋喃溶剂大。有限溶胀是指聚合物吸入的溶剂分子达到一定程度后,无论与溶剂分子如何接触,吸入量都不再增加,因此高分子体积不再膨胀,体系始终保持两相状态。将线型或支化高分子放入劣溶剂中,虽然溶剂分子也会扩散到分子链内部,但数量有限,不足以破坏全部分子链间作用,因此只能有限溶胀,不会彻底溶解。如将聚苯乙烯放入乙醇后,经过很长时间也不会形成均一的透明溶液;相反,聚苯乙烯会以沉淀形式在容器底部析出。

线型聚合物的溶解度与分子量有直接关系,分子量越大,溶解度越小;反之,分子量越小,溶解度越大。此外,同小分子一样,外界温度也会对溶解过程产生影响。以聚乙烯基吡咯烷酮为例,它在室温下放入水中很难溶解;但是如果把水加热到 95 ℃,它会很快和水形成均一透明黏稠的溶液。

2.交联聚合物

不同于线型高分子,交联高分子的主链间由于交联键的连接,彼此无法无限远离。当交联聚合物放入溶剂后,溶剂分子也会向交联聚合物内部扩散导致溶胀。然而溶胀到一定程度后交联键将发挥作用,限制主链的进一步远离,此时达到溶胀平衡。因此,交联聚合物在任何溶剂中都只能有限溶胀,不会彻底溶解。把聚合物吸入溶剂分子达到溶胀平衡时的体积与未溶胀前体积的比值称为溶胀度。交联聚合物的溶胀度与选用的溶剂直接相关,如交联聚苯乙烯在四氢呋喃中的溶胀度远远高于在乙醇中。除与溶剂有关外,溶胀度还与交联度密切相关,交联度越大,溶胀度越小;反之,交联度越小,溶胀度越大。

　　交联高分子只能溶胀无法彻底溶解的特点,在纳米科学上有广泛的应用。将尺寸为 200 nm 的交联聚苯乙烯微球放入含有 CdS 量子点的氯仿溶液中,微球会被氯仿溶胀,体积变大导致内部出现孔洞,此时尺寸极小(2.0 ~ 4.0 nm)的 CdS 量子点可以扩散到聚苯乙烯微球内部。由于只能有限溶胀,分子链不会无限远离,因此聚苯乙烯的球形形貌得以保持。将聚苯乙烯微球从氯仿中离心出来放入水溶液后溶胀度骤降(水是聚苯乙烯的非溶剂),导致体积收缩,CdS 量子点被封在内部,从而得到了聚苯乙烯/CdS 复合物(图 3.2)。复合物不仅继承了 CdS 量子点的荧光性能,而且由于分子链的间隔,避免了荧光猝灭(CdS 量子点聚集所致);此外,聚苯乙烯良好的加工性能也为复合物在防伪码方面的应用提供了方便。

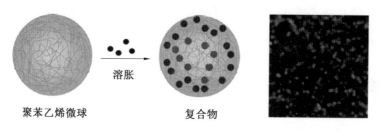

图 3.2　聚苯乙烯/CdS 复合物的制备过程及荧光显微镜照片

　　光子晶体的发光性能与晶体的排列周期直接相关。苯乙烯和二甲基丙烯酰胺单体共聚过程中,聚苯乙烯形成球形内核,聚二甲基丙烯酰胺形成外壳,将该核/壳复合物规则排列即得到光子晶体(图 3.3)。周期性排列的复合物吸水后,聚二甲基丙烯酰胺壳层尺寸增加,导致光子晶体的排列周期改变,引起发光性能改变。通过调节空气中水分的含量,可使光子晶体的发光波长从 450 nm 拓展到 1 150 nm。因此,由聚苯乙烯/聚二甲基丙烯酰胺复合物所构筑的光子晶体可以用作湿度传感器。

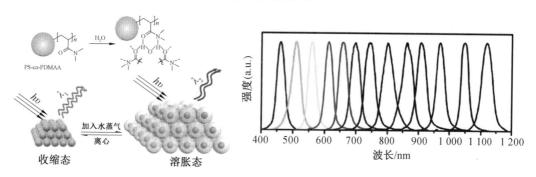

图 3.3　水蒸气溶胀聚苯乙烯/聚二甲基丙烯酰胺光子晶体及发光性能

3.结晶聚合物

　　非晶聚合物的分子链无序排列,有利于溶剂小分子向高分子内部扩散。在结晶聚合物中,由于分子链规则折叠、紧密堆砌为晶区,不仅限制了高分子链的运动,而且溶剂小分子也很难扩散到晶区内部。因此对于非极性结晶聚合物,通常需要升温到熔点附近破坏晶区后,才能够溶胀溶解。如聚乙烯在室温下很难溶解,原因在于分子链的规整度高,容易结晶。对于某些极性聚合物,将其溶解在适当的极性溶剂中会产生强烈的相互作用(如形成氢键),放出大量热量,直接破坏晶区,因此无须加热,在室温下就可以溶胀溶解。如室温下聚酰胺就可以溶于强极性的酚类、硫酸和甲酸等溶剂中。

3.1.2 聚合物溶剂选择的基本原则

通常情况下都希望聚合物在溶剂中能够顺利溶解形成良溶液。生活中使用的油漆和胶水、溶液纺丝时的纺丝液、进行理论研究时用到的高分子稀溶液都属于良溶液。下面介绍聚合物溶剂选择的基本原则。

对于理想链,高分子溶液是热力学的平衡体系,在恒温恒压条件下,溶解过程自发进行的必要条件是混合吉布斯自由能 $\Delta G_M < 0$。

$$\Delta G_M = \Delta H_M - T \Delta S_M \tag{3.1}$$

式中,ΔH_M、ΔS_M 和 T 分别为混合热、混合熵和溶解温度。

聚合物在溶解前为固态,分子链被紧紧束缚,构象数较少;溶解后,分子链彼此远离,内旋转活性提高,构象数增多。混合熵取决于分子链的构象数,而构象数又与分子链的柔顺性有关。柔顺性越好,构象数越多,混合熵越大。即使是十分刚性的高分子,在溶解过程中,混合熵 ΔS_M 依旧是正值。由此可见,聚合物溶解时分子链的无序度增大,混合熵 $\Delta S_M > 0$,始终有利于溶解。

混合热由溶解过程中的热效应决定。如果是放热反应,则 $\Delta H_M < 0$,有利于溶解的进行。分析溶解过程,会发现随着溶剂分子向聚合物内扩散,链段－溶剂之间的作用将与初始聚合物中链段－链段的作用竞争,从能量角度来讲,只有前者大于后者,混合热 ΔH_M 才是负值。极性聚合物加入极性溶剂中,链段－溶剂之间形成的相互作用非常强,会放出大量热,溶解过程一般很容易进行。这就是结晶聚合物聚酰胺常温下可以溶于强极性溶剂的理论解释。反之,当非极性聚合物溶解在非极性溶剂中,链段－溶剂之间的作用较弱,溶解过程常为吸热反应,$\Delta H_M > 0$。鉴于 ΔS_M 恒为正值,从式(3.1)可以看出,只有当 $T \Delta S_M > \Delta H_M$ 时,$\Delta G_M < 0$,溶解过程才能顺利进行。这就需要提高温度 T 来促进溶解,但是由于聚合物通常溶解在沸点不高的有机溶剂中,不能随意升温,因此为了使聚合物顺利溶解,需要对溶剂进行合理选择。

1.极性相近原则

在物理化学中被用来讨论小分子溶解性的基本规则极性相近原则,对高分子溶液依旧适用。组成和结构相似的物质可以互溶,尤其是溶质和溶剂分子的极性越接近越容易互溶。通常极性大的溶质易溶于极性大的溶剂,极性小的溶质易溶于极性小的溶剂,非极性溶质易溶于非极性溶剂。如极性高分子聚丙烯腈可以溶解在二甲基甲酰胺中,聚乙烯醇可以溶解在水中,聚甲基丙烯酸甲酯可以溶解在丙酮中;非极性的天然橡胶可以溶解在苯和汽油等非极性溶剂中;弱极性的聚苯乙烯可以溶解在甲苯中,也可以溶解在丁酮中。

2.溶度参数相近原则

(1)Hildebrand 公式。

根据式(3.1),当 $\Delta H_M > 0$ 时,ΔH_M 值越小,溶解越易自发进行。那么如何确定 ΔH_M 的数值并使之最小呢? 对于非极性高分子体系,依旧可以沿用小分子溶液混合时的半经验 Hildebrand 公式:

$$\Delta H_M = V_M \varphi_1 \varphi_2 (\delta_1 - \delta_2)^2 \tag{3.2}$$

式中,V_M 为摩尔混合体积;φ 为体积分数;下角标 1 和 2 分别对应溶剂和溶质;δ 为溶度参数,也就是内聚能密度的平方根。分析式(3.2)可知 ΔH_M 总是大于或等于零的,因此 Hildebrand 公式对于极性高分子的溶解并不适用,因为它们的溶解过程往往伴有放热反应发生($\Delta H_M < 0$)。对极性聚合物或能够与溶剂形成分子间氢键的聚合物,需要用式(3.3)进行修正:

$$\Delta H_M = V_M \varphi_1 \varphi_2 [(\omega_1 - \omega_2)^2 + (\Omega_1 - \Omega_2)^2] \tag{3.3}$$

式中,ω 为分子中极性部分的溶度参数;Ω 为非极性部分的溶度参数。

式(3.3)将分子的溶度参数分成了极性和非极性两部分。如果定义极性部分的占有比例为 p,则非极性部分的占有比例为 $1-p$,且 $\omega^2 = p\delta^2$,$\Omega^2 = (1-p)\delta^2$。这样处理是因为非极性分子与非极性溶剂之间的相互作用主要以相对较弱的色散力为主;而极性分子和极性溶剂之间以及极性分子和非极性溶剂之间的作用非常复杂,除色散力外,起主导作用的通常是静电力、诱导力及氢键等更强的相互作用。在本书中不对式(3.3)进行展开讨论,只需要读者从中认识到极性分子进行溶剂选择时,不仅需要极性部分溶度参数相近,非极性部分的溶度参数也要相近。以强极性的聚丙烯腈为例,它可溶解于极性部分在 0.682 ~ 0.924 之间的乙腈、二甲砜和碳酸乙烯酯等溶剂中,但在溶度参数与之接近的乙醇和苯酚等溶剂中不能溶解,原因在于这些溶剂的极性组分太低。

非极性高分子的溶解常为吸热反应,可以用 Hildebrand 公式描述。溶剂的溶度参数和溶质高分子的溶度参数越接近,ΔH_M 越小。当二者的溶度参数 δ 相等时,ΔH_M 的最小值为 0。这就需要选择与非极性高分子溶度参数接近的溶剂,才能促进高分子的溶解。根据经验,如果二者之间的溶度参数相差 3.5 $J^{1/2}/cm^{3/2}$ 以上,溶解则很难自发进行。表 3.1 和表 3.2 列出了一些常见聚合物和溶剂的溶度参数。由表可知,天然橡胶($\delta = 16.6$ $J^{1/2}/cm^{3/2}$)可以溶于四氯化碳($\delta = 17.6$ $J^{1/2}/cm^{3/2}$),但是无法溶于乙醇($\delta = 26.0$ $J^{1/2}/cm^{3/2}$)。有时为了让溶剂和溶质的溶度参数接近,需配制混合溶剂对高分子进行溶解。对于二元混合溶剂的溶度参数 δ 可依据式(3.4)计算,δ_1 和 δ_2 是两种纯溶剂的溶度参数,φ_1 和 φ_2 为两种溶剂在混合溶剂中的体积分数。如聚苯乙烯的 $\delta = 18.6$ $J^{1/2}/cm^{3/2}$,单独采用丙酮($\delta = 20.5$ $J^{1/2}/cm^{3/2}$)或环己烷($\delta = 16.5$ $J^{1/2}/cm^{3/2}$)都不能很好地溶解聚苯乙烯,然而将两者按照一定比例混合后则可将聚苯乙烯溶解。

$$\delta_{\text{mix}} = \varphi_1 \delta_1 + \varphi_2 \delta_2 \tag{3.4}$$

表 3.1　常见聚合物的溶度参数　　　　　　　　　　$J^{1/2}/cm^{3/2}$

聚合物	δ	聚合物	δ	聚合物	δ
聚乙烯	$16.2 \sim 16.6$	天然橡胶	$16.2 \sim 17.0$	尼龙—66	27.8
聚丙烯	$16.8 \sim 18.8$	丁苯橡胶	$16.5 \sim 17.5$	聚碳酸酯	19.4
聚氯乙烯	$19.4 \sim 21.5$	聚丁二烯	$16.6 \sim 17.6$	聚对苯二甲酸乙二酯	$21.5 \sim 21.9$
聚苯乙烯	$17.8 \sim 18.6$	氯丁橡胶	$16.8 \sim 19.2$	聚氨基甲酸酯	20.5
聚丙烯腈	$26.0 \sim 31.5$	丁腈橡胶(82/18)	17.8	环氧树脂	$19.8 \sim 22.3$
聚四氟乙烯	12.7	丁腈橡胶(61/39)	21.1	硝酸纤维素	$17.4 \sim 23.5$
聚三氟氯乙烯	14.7	乙丙橡胶	21.1	醋酸纤维素	$22.3 \sim 25.1$
聚甲基丙烯酸甲酯	$18.4 \sim 19.4$	聚异丁烯	$15.8 \sim 16.4$	聚乙烯醇	47.8
聚丙烯酸甲酯	$20.0 \sim 20.7$	聚硫橡胶	$18.4 \sim 19.2$	聚偏氯乙烯	24.9
聚醋酸乙烯酯	$19.1 \sim 22.6$	聚二甲基硅氧烷	$14.9 \sim 15.5$	聚甲基丙烯腈	21.8

表 3.2　常见溶剂的溶度参数　　　　　　　　　　$J^{1/2}/cm^{3/2}$

溶剂	δ	溶剂	δ	溶剂	δ	溶剂	δ
正己烷	14.9	苯	18.7	十氢化萘	18.4	二甲基亚砜	27.4
正庚烷	15.3	甲酸乙酯	19.2	环己酮	20.3	乙醇	26.0
二乙基醚	15.6	氯仿	19.0	二氧六环	20.5	乙酸	25.8
环己烷	16.5	丁酮	19.0	丙酮	20.5	甲酸	27.6
四氯化碳	17.6	氯苯	19.4	二硫化碳	20.5	苯酚,甲醇	29.7
对二甲苯	17.9	四氢呋喃	20.3	吡啶	21.9	丙二腈	30.9
甲苯	18.2	二氯乙烷	20.1	正丁醇	23.3	甲酰胺	36.4
乙酸乙烯酯	18.5	四氯乙烷	21.3	二甲基甲酰胺	24.7	水	47.5

　　（2）聚合物溶度参数的估算。

　　对于已知高分子,可以根据表 3.1 和表 3.2 中的溶度参数 δ 来选择合适的溶剂使之溶解。对于未知高分子,如何估算它的溶度参数 δ 以进行溶剂选择呢？先来看溶度参数的定义,即内聚能密度的平方根。内聚能密度是单位体积的内聚能,而内聚能是克服分子间作用力将 1 mol 分子汽化所需要的能量。显然,内聚能密度是分子间相互作用强度的标志。在溶解过程中,链段－溶剂之间的相互作用必须克服链段－链段之间的相互作用。正因如此,才可以用内聚能密度来预测高分子的溶解性。然而,聚合物是没有气态的,可用以下方法估算溶度参数 δ。

　　① 线型聚合物:特性黏度法。

　　对于线型高分子,它在溶剂中的溶解性能越好,分子链越伸展,黏度越大。以溶度参数不同的溶剂对线型高分子进行溶解,分别测定高分子在这些溶剂中的特性黏度 $[\eta]$（图

3.4(a)),则可将对应最大特性黏度溶剂的溶度参数近似看作这种线型高分子的溶度参数。

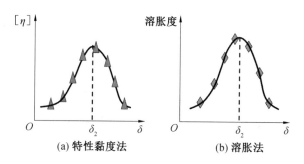

图 3.4　测试聚合物溶度参数的方法

② 交联聚合物:溶胀法。

交联高分子在溶剂中只能溶胀,无法溶解。将交联高分子放置在溶度参数越接近的溶剂中,其溶胀度越大。因此,可以把溶胀度最大溶剂的溶度参数视为交联高分子的溶度参数(图 3.4(b))。

③ 根据化学结构估算:摩尔引力常数法。

除了特性黏度法和溶胀法外,高分子或溶剂的溶度参数值还可以根据化学结构利用下面的公式进行估算:

$$\delta = \frac{\sum F}{\bar{V}} = \frac{\rho \sum F}{M_0} \tag{3.5}$$

式中,F 为高分子重复单元或溶剂中所含基团的摩尔引力常数(表 3.3),$J^{1/2}/(cm^{3/2} \cdot mol)$;$\bar{V}$ 为高分子重复单元或溶剂的摩尔体积;ρ 为高分子或溶剂的密度;M_0 为重复单元或溶剂的分子量。

以丁酮(摩尔体积为 89.5 cm^3/mol)和聚甲基丙烯酸甲酯(密度为 1.19 g/cm^3)为例介绍溶度参数 δ 的计算方法。丁酮分子中含有 2 个甲基(303.4 $J^{1/2}/(cm^{3/2} \cdot mol)$)、1 个亚甲基(269.0 $J^{1/2}/(cm^{3/2} \cdot mol)$)和 1 个羰基(538.1 $J^{1/2}/(cm^{3/2} \cdot mol)$),根据式(3.5),$\delta =$(303.4×2+269+538.1)/89.5=15.8 $J^{1/2}/cm^{3/2}$。查表 3.3 可知,丁酮的实测溶度参数 δ 约为 19.0 $J^{1/2}/cm^{3/2}$。

表 3.3　部分基团的摩尔引力常数 F　　　　　$J^{1/2}/(cm^{3/2} \cdot mol)$

基团	F	基团	F	基团	F
—CH₃	303.4	—O— 醚、缩醛	235.3	—NH₂	463.6
—CH₂—	269.0	—O— 环氧	360.5	—NH—	368.3
CH—	176.0	—COO—	668.2	—N—	125.0
C	65.5	C=O	538.1	—C≡N	725.5
CH₂=	258.5	—CH	597.4	—NCO	733.9
—CH=	248.6	—CO—O—CO—	1 160.7	—S—	428.4
C=	172.9	—OH	462.0	Cl₂	701.1
—CH= 芳香族	239.6	—H 芳香烃	350.0	—Cl 芳香族	329.4
—CR= 芳香族	200.7	—H 聚酸	−103.3	—F	84.5

聚甲基丙烯酸甲酯的重复单元中含有 2 个甲基（303.4 $J^{1/2}/(cm^{3/2} \cdot mol)$）、1 个亚甲基（269.0 $J^{1/2}/(cm^{3/2} \cdot mol)$）、1 个季碳原子（65.5 $J^{1/2}/(cm^{3/2} \cdot mol)$）和 1 个 —COO— 基团（668.2 $J^{1/2}/(cm^{3/2} \cdot mol)$），结构单元的 M_0 为 100。因此，根据式（3.5）计算可得溶度参数 $\delta = (303.4 \times 2 + 269 + 65.5 + 668.2) \times \dfrac{1.19}{100} = 19.1$ $(J^{1/2}/cm^{3/2})$。实验室中，聚甲基丙烯酸甲酯的溶度参数实测值通常在 18.4 ～ 19.5 $J^{1/2}/cm^{3/2}$ 之间，理论计算值与实测值较吻合。

3.溶剂化规则

除前面两个基本原则之外，溶剂化规则也是高分子溶剂选择中不可忽视的原则。溶剂化规则即极性定向和氢键规则。此规则表明，含有极性基团的聚合物和溶剂之间的溶解性有一定的内在联系。溶剂有极性大小之分，并且极性又有正负偶极。溶度参数相近的溶质和溶剂，正负极性相吸是有利于互溶的。如果聚合物的分子链上主链或侧基含有某种极性基团，则可以按照基团的性质把聚合物分成弱亲电子性高聚物（如聚烯烃及含氯高聚物）、给电子性高聚物（如聚醚、聚酯和聚酰胺等）、强亲电子性及氢键高聚物（如聚乙烯醇和聚丙烯腈等）。与之对应，溶剂也可以分为弱亲电子性溶剂、强亲电子性溶剂或强氢键溶剂、给电子性溶剂等。

溶剂化规则认为，聚合物作为溶质与溶度参数 δ 相近的溶剂接触时，亲电子性溶剂能与给电子性的聚合物进行溶剂化作用而有利于溶解；同理，给电子性溶剂能与亲电子性聚合物进行溶剂化作用而有利于溶解；当溶剂和聚合物基团之间能形成氢键时，有利于溶解;相反,同属亲电子性或给电子性的聚合物和溶剂之间无法进行溶剂化作用,故不利于互溶。从表 3.1 和表 3.2 可知,聚氯乙烯的溶度参数与氯仿和环己酮都接近,聚氯乙烯可以溶于环己酮却无法溶于氯仿,因为聚氯乙烯为亲电子体,环己酮为亲核体,二者可以形成氢键的作用;而氯仿和聚氯乙烯都属于亲电子体,故不利于溶解。图 3.5 中列出了一些常见的亲核基团和亲电子基团以及其能力的强弱关系。

$$-CH_2NH_2>-C_6H_4OH>-CON(CH_3)_2>-CONH>\equiv PO_4>-CH_2COCH_2->-CH_2OCOCH_2->-CH_2OCH_2-$$

亲核性减弱 →

$$-SO_2OH>-COOH>-C_6H_4OH>\equiv CHCN>\equiv CHNO_2>\equiv COHNO_2>-CH_2Cl>\equiv CHCl$$

亲电子性减弱 →

图 3.5　常见的亲核基团和亲电子基团以及其能力的强弱关系

3.2　高分子溶剂

第 2 章介绍了高分子理想链,本章将介绍高分子真实链。高分子理想链和真实链溶解过程中所对应的溶剂是不同的,主要区别在于是否考虑排除体积 v 的因素。本节将从 Mayer $f-$ 函数中引出排除体积 v 的概念,然后对比理想链和真实链所对应溶剂的差别,最后研究高分子链段进行球体等效和圆柱体等效后排除体积的差异。

3.2.1　Mayer $f-$ 函数和排除体积

1.Mayer $f-$ 函数

真实链和理想链的区别之一在于理想链只有近程作用,没有远程作用;而真实链既有近程作用又有远程作用。对于高分子,近程作用总是存在的,而远程作用却不一定存在,只有当分子链上距离很远的两个链段靠近到一定程度时(这两条链段既可以来自同一分子链也可以来自不同分子链),才会产生远程作用(图 2.20)。远程作用会对分子链的内旋转产生影响,因此真实链的构象与理想链是不同的。

在无机化学中,2 个 H 原子的距离为某一值时,二者之间的引力和斥力大小相等,作用力恰好为零。此时,如果让 H 原子继续靠近,则排斥势能剧增。反之,如果让 H 原子彼此远离,二者的吸引势能会随着距离的增加而增大,并在某一位置达到最大值。此时,如果继续远离,吸引势能会迅速衰减到零。H 原子势能函数与距离的关系也同样适用于高分子,该势能曲线的形状与选择的溶剂相关。图 3.6 为典型的高分子势能函数与链段距离之间的关系曲线,纵坐标大于零的区间对应排斥势能,小于零的区间对应吸引势能。可以看到,当链段相距很近时排斥势能骤增,此时刚球排斥(或硬壳排斥)将起主要作用。

刚球排斥在任何高分子真实链中都是存在的,它体现了高分子真实链的"不可穿性"。然而,假设理想链链段彼此是可以互穿的。正因为刚球排斥的存在,高分子真实链永远不可能出现理想链中互穿的情况。因此,研究理想链时所采用的无规行走模型在真实链的研究中是不适用的,对于真实链的研究将采用"自避行走"模型。

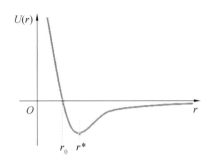

图 3.6   典型的高分子势能函数与链段距离之间的关系曲线

图 3.7 中,在一定的温度下两个链段相互接近到距离 r 的概率取决于相互作用势能 $U(r)$ 与布朗热运动能量 kT 的比值,也就是正比于玻尔兹曼因子 $\exp[-U(r)/kT]$。图 3.7(a) 为 $\exp[-U(r)/kT]$ 与 r 之间的关系。该曲线根据图 3.6 中的势能函数获得,表示一个链段在距离 r 处发现另一个链段的概率。从图 3.7(a) 中可以看到,距离很近时,发现第二个链段的概率为零,这是因为刚球排斥作用使两个链段永远不可能重叠。在吸引势能主导的区间内,由于链段之间的相互吸引,彼此靠近的概率很大。当链段距离很远没有远程作用时,玻尔兹曼因子 $\exp[-U(r)/kT]=1$。也就是说,超过一定距离后在各处发现第二个链段的概率几乎是相同的。

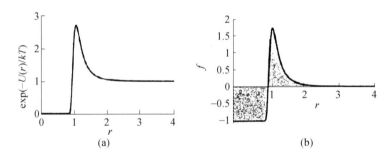

图 3.7   玻尔兹曼因子与 Mayer $f-$ 函数

定义 Mayer $f-$ 函数为两个单元在距离为 r 处与无相互作用时玻尔兹曼因子的差值,表达式如下:

$$f(r) = \exp[-U(r)/kT] - 1 \tag{3.6}$$

因为无相互作用时玻尔兹曼因子等于 1,所以 Mayer $f-$ 函数相当于将图 3.7(a) 中的曲线沿纵坐标整体下移 1 个单位。图 3.7(b) 中,当距离很近时,链段之间存在刚球排斥,Mayer $f-$ 函数为负值,表示此时发现另一个链段的概率要小于无限远处(无限远处

Mayer f - 函数为零）。横坐标上方对应着两个链段之间存在吸引作用，此时发现另一个链段的概率要大于无限远处。

2.排除体积

排除体积 v 的定义为 Mayer f - 函数在整个空间积分的负值：

$$v = -\int f(r)d^3r = \int \{1 - \exp[U(r)/kT]\} d^3r \tag{3.7}$$

它的物理意义为单元 - 单元之间相互作用能的净剩值。可以发现，区别于圆柱体体积和分子链自身占有体积等，排除体积是从能量上进行定义的"体积"，是众多"体积"中最特殊的一个。事实上，排除体积也有空间尺寸角度的物理意义，将在下一节介绍。

将分子链放入溶剂后，单元 - 单元之间的相互作用应该包括以下三种："链段 - 链段"作用，"链段 - 溶剂"作用和刚球排斥作用。在不同的溶剂中，这三种作用的效果是不一样的，因而排除体积的大小是不同的。在这里需要强调的是，排除体积反映的是"两个"单元彼此之间相互作用的净剩值，并非多个单元之间相互作用的结果。

图 3.7(b) 中，当距离很近时，由于刚球排斥势能非常大，Mayer f - 函数为负值，对排除体积产生正的贡献；当距离 r 处吸引势能主导时，Mayer f - 函数为正值，对排除体积产生负的贡献。排除体积是高分子物理中一个非常重要的概念，会经常应用。

3.2.2　理想链对应的溶剂

本节先从简单的理想链模型入手分析高分子溶剂。高分子理想链彼此能够互穿，因此采用无规行走模型时不必考虑刚球排斥。当聚合物放入某种溶剂后，溶剂分子要扩散进入高分子链内部使之溶胀。在任何溶剂中都存在链段 - 链段和链段 - 溶剂两种相互作用（图 3.8）。认为链段 - 链段之间为吸引势能；由于链段 - 溶剂之间的相互作用使链段之间远离，认为链段 - 溶剂之间为排斥势能。如果链段 - 链段之间的作用强于链段 - 溶剂之间的作用，高分子链蜷曲，末端距减小，真实体积减小，此时高分子处于劣溶剂中。反之，如果链段 - 溶剂之间的作用强于链段 - 链段之间的作用，则高分子链舒展，末端距增大，真实体积增大，此时高分子处于良溶剂中。此外，还有一种情况，链段 - 溶剂和链段 - 链段的作用大小恰好相等，高分子链处于理想状态（θ 状态），这种溶剂为聚合物的理想溶剂（θ 溶剂）。

图 3.8　理想链中单元 - 单元之间的相互作用

3.2.3 真实链对应的溶剂

真实链和理想链的一个重要差别在于是否考虑刚球排斥。真实链中的势能函数曲线表明,在 r_0 这个平衡点(图 3.6),链段之间的引力和斥力刚好相等。如果链段之间的距离减小,刚球排斥发挥作用,排斥势能骤增,阻碍链段之间靠近。正是由于刚球排斥势能的存在,分子链之间永远不可能相互穿过,这体现了真实链的不可穿性。因此进行构象研究时,真实链不能无规行走,必须自避行走。从图 3.9 可以看到,真实链的链段在向前延伸的过程中,须避开已经存在的高分子链段;而理想链进行无规行走时,则不必考虑互穿的问题。

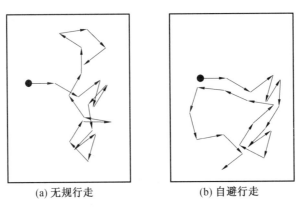

(a) 无规行走   (b) 自避行走

图 3.9 理想链的无规行走和真实链的自避行走

前面已经讨论过排除体积 v 是单元－单元之间相互作用能的净剩值。分子链在溶液中存在的三种相互作用分别是:链段－链段之间的吸引作用,链段－溶剂之间的排斥作用和刚球排斥作用。在理想链中,没有考虑刚球排斥,所以对应着三种溶剂:良溶剂、劣溶剂和 θ 溶剂。在真实链溶解过程中考虑刚球排斥后,如何研究单元－单元之间的相互作用呢? 可以将相互作用能的净剩值视为两次竞争的结果。第一次势能竞争为链段－链段和链段－溶剂相互作用之间的竞争;之后,第一次竞争的结果将与刚球排斥势能进行第二次竞争,最终的净剩值即排除体积 v。这很好地诠释了排除体积在能量角度的定义。而在空间尺寸角度上,排除体积的定义为聚合物在溶剂中的真实体积与无扰链体积的差值。无论是从能量角度还是从空间尺寸角度,都可以判断出排除体积既可以是正值也可以是负值。使真实体积增大的排斥势能对排除体积为正贡献;而使真实体积减小的吸引势能对排除体积为负贡献。接下来,从两次势能竞争的角度分析真实链对应的各种溶剂,以及在这些溶剂中排除体积 v 的大小。

1.无热溶剂

如果将聚合物溶解在某种溶剂中,链段－链段与链段－溶剂之间的作用恰好相等,则所对应的溶剂为无热溶剂。在无热溶剂中,第一次势能竞争的结果为零,只存在刚球排斥势能,仅由自避行走造成无规线团膨胀,分子链的真实体积大于无扰链体积,因此排除体积为正值。自避行走的后果是部分体积被排除在行走范围之外。从图 3.9 中分析,分子链在行走时,须回避的体积恰好是分子链自身的体积。因此,在无热溶剂中的排除体积 = 分子链体积。实验室选择无热溶剂时,一般需要溶剂的分子结构与单体的分子结构相近,这样链段－链段和链段－溶剂之间的作用才能相等。典型例子就是甲苯通常可以用作聚苯乙烯的无热溶剂。

2.良溶剂

当链段－链段作用弱于链段－溶剂作用时,高分子真实链处于良溶剂中。此时,除刚球排斥势能所引起的体积膨胀外,还存在第一次势能竞争所引起的体积膨胀。因此良溶剂中排除体积 = 分子链体积 + 第一次竞争贡献的膨胀体积。显然,高分子溶解于良溶剂中的真实体积和排除体积均大于溶解于无热溶剂中的。实验室中,四氢呋喃、氯仿和二氯甲烷等都可以作为聚苯乙烯的良溶剂使用。将白色粉末状的聚苯乙烯溶解在良溶剂中,稍加搅拌就会形成均一透明的溶液。

3.亚良溶剂

如果链段－链段作用略强于链段－溶剂作用,在自避行走过程中,互亲的链段会彼此靠近,由于只是轻度互亲,虽然第一次势能竞争会引起体积略有收缩;但在第二次势能竞争中,刚球排斥势能起主导作用,最终的势能净剩值(排除体积)仍为正值。将这样的溶剂称为亚良溶剂。在亚良溶剂中,排除体积 = 分子链体积 － 第一次竞争贡献的收缩体积。显然,在亚良溶剂中分子链的排除体积小于无热溶剂和良溶剂中。

4.劣溶剂

理想链中,当链段－链段作用强于链段－溶剂作用时,链段之间强烈互亲,第一次势能竞争导致体积剧烈收缩,对排除体积的贡献是负值;而且在第二次势能竞争时,第一次势能竞争的结果依旧起主导作用,甚至超过刚球排斥势能对排除体积的正贡献,高分子链的排除体积为负值。在劣溶剂中,排除体积 = 分子链体积 － 第一次竞争收缩的体积。实验室中乙醇通常被用作聚苯乙烯的劣溶剂,聚苯乙烯加入乙醇中会以白色粉末状在烧杯底部沉淀析出。利用劣溶剂的这个特点,可以进行聚合物的分离和提纯。还有一种极端的劣溶剂被称为非溶剂,在非溶剂中几乎所有的溶剂全部从高聚物分子链内部排出,分子链呈现紧缩线团状。水通常可以视为聚苯乙烯的非溶剂。

5.θ溶剂

从图 3.10 中可以看到,良溶剂、无热溶剂和亚良溶剂的排除体积均为正值,因此它们有时被统称为广义良溶剂。与之对比,劣溶剂中聚合物的排除体积为负值。显然,在劣溶剂和良溶剂之间应该存在排除体积恰好为零的状态,此时对应的溶剂就是真实链的 θ 溶剂。在 θ 溶剂中,链段－链段的作用稍强于链段－溶剂的作用,第一次势能竞争导致体积稍稍收缩;进行第二次势能竞争时,恰好被刚球排斥势能所抵消,高分子链的排除体积为零。高分子的 θ 状态就是理想状态,也称无扰状态,这时的溶剂为 θ 溶剂,对应的温度为 θ 温度。在讨论 θ 状态时,不能抛开温度因素单独谈 θ 溶剂,温度和溶剂是高分子处于 θ 状态的两个重要条件。对于聚苯乙烯,在 34 ℃ 时环己烷为其 θ 溶剂;将聚乙烯溶解于联苯中,125 ℃ 为其 θ 温度。

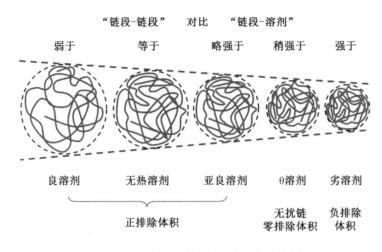

图 3.10　高分子真实链对应的各种溶剂

3.2.4　聚合物分子链的圆柱体等效

将排除体积 v 定义为 Mayer $f-$ 函数在整个空间积分的负值,只适用于将链段进行球体等效(图 3.11(a))。真实的高分子链段无论是 Kuhn 链段还是 Gauss 链段,长径比都不是 1。柔性链长径比小一些,为 $2\sim 3$;可以推测,随着刚性增强,链段的长径比会越来越大。因此,对真实链段进行球体等效是不符合实际的。为了让链段的等效更接近真实情况,将真实的高分子链段近似看成长度为 b、底面直径为 d,且 $b/d>1$ 的圆柱体(图 3.11(b)),接下来研究这些圆柱体链段在不同溶剂中的排除体积。

当聚合物浓度很低时,自由能密度中的相互作用部分 F_{int}/V 可以进行维利展开,写成 c_n 的幂级数形式:

$$\frac{F_{\text{int}}}{V}=\frac{KT}{2}(vc_n^2+wc_n^3+\cdots)\approx kT(v\frac{n^2}{\boldsymbol{R}_g^6}+w\frac{n^3}{\boldsymbol{R}_g^9}+\cdots)\qquad(3.8)$$

式中,F_{int} 为亥姆霍兹自由能中相互作用的部分;n 为结构单元数量;c_n 为扩张体积 V_e 内结构单元的数量密度,即 $c_n=n/V_e$(扩张体积 V_e 将在下一章介绍);$\boldsymbol{R}_g$ 为回转半径,$V_e\approx\boldsymbol{R}_g^3$。

在维利展开式(3.8)中,c_n^2 项系数为排除体积 v,由此得到排除体积的另一个物理意义:描述"一对"非邻近单元之间的相互作用,也就是两实体之间的相互作用。第三项 c_n^3 的系数 w 描述的是三实体之间的相互作用。在本书中关于良溶剂和 θ 溶剂的研究只涉及两实体间的相互作用,劣溶剂的研究会涉及三实体间的相互作用。对于更多实体的相互作用本书不做讨论。

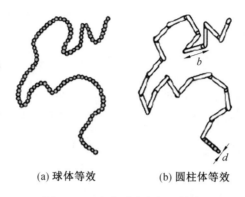

(a) 球体等效　　　　　　(b) 圆柱体等效

图 3.11　　高分子真实链的等效

如果将链段等效为直径为 d 的球体(图 3.11(a)),可以很容易计算出球体的占有体积 $v_0 \approx d^3$。然而链段的排除体积 v 和球体直径 d 之间的关系是怎样的呢?从式(3.8)中能够推导出这样的结论:$v \approx d^3$,$w \approx d^6$。原因是:左边 F_{int}/V 中,分母为体积的量纲,公式右边也应如此。$\boldsymbol{R}_g$ 为回转半径,只有 $v \approx d^3$、$w \approx d^6$ 才能够保证等式右边各项的分母为体积的量纲。

将高分子链段等效为长度为 b、底面直径为 d 的圆柱体,排除体积的情况会如何呢?首先,应明确无论将等效单元定义为球体还是圆柱体,分子链间的相互作用能是一样的,因为对应的都是同样的分子链。聚合物分子链既可以看作由 n 个直径为 d 的球体单元组成,也可以看作由 $N = nd/b$ 个长度为 b、直径为 d 的圆柱体单元组成。在这两种情况下,维利展开式中的每一项都应该分别相等,即

$$v_s n^2 = v_c N^2 \qquad w_s n^3 = w_c N^3 \tag{3.9}$$

式中,下角标 s 为 sphere(球体)的简写;c 为 cylinder(圆柱体)的简写。

考虑到 $N = nd/b$,可以得到圆柱体等效链段的排除体积 v_c 及 w_c 为

$$v_c \approx v_s \left(\frac{n}{N}\right)^2 = v_s \left(\frac{b}{d}\right)^2 \approx b^2 d \tag{3.10}$$

$$w_c \approx w_s \left(\frac{n}{N}\right)^3 = w_s \left(\frac{b}{d}\right)^3 \approx b^3 d^3 \tag{3.11}$$

从式(3.10)和式(3.11)可以看到,v_c 和 w_c 与 v_s 和 w_s 是不相同的,也就是说等效结构单元的形状会对两实体间的相互作用(排除体积)及三实体间的相互作用产生影响。Kuhn 链段既可以看作圆柱体也可以看作球体,其中球体是圆柱体 $b = d$ 时的特例。对于圆柱状的 Kuhn 链段,其占有体积 v_0 应为几何体积:$v_0 \approx bd^2$。相比于 v_0,排除体积 v_c 显然更大一些,因为 $b > d$。b/d 的数值越大,分子链刚性越强,因此刚性链段的排除体积大于柔性链段。

前面讨论了整条真实链在不同溶剂中排除体积的大小。式(3.10)中,v_c 是结构单元 Kuhn 链段的排除体积。在本书的以后章节中提到的排除体积均为 Kuhn 链段的排除体积,而非整条分子链的排除体积。接下来讨论把真实链进行圆柱体等效后放入不同的溶剂中,Kuhn 链段排除体积 v 的大小。

1. 无热溶剂

当链段－链段与链段－溶剂之间的作用相等时,链段之间不存在相对的吸引作用,只存在绝对的刚球排斥作用。根据式(3.10),此时排除体积应为 $v \approx b^2 d$,且与温度无关。在 3.2.3 节中已介绍,无热溶剂中分子链的排除体积＝分子链的体积。如果按照圆柱体等效,链段自身体积应为 bd^2,这是因为 3.2.3 节中进行的是球体等效。当 $b=d$ 时,排除体积大小为等效链段的自身体积 d^3。对分子链进行不同方法等效,虽然整条高分子链的排除体积不会发生改变,但是等效链段的排除体积会有不同。

2. 良溶剂

良溶剂中,除刚球排斥作用所引起的体积膨胀外,由于链段－链段之间的作用弱于链段－溶剂之间的作用,溶剂很容易溶胀到分子链内部使分子链伸展,引起体积的进一步膨胀,因此在良溶剂中,$v > b^2 d$。

3. θ 溶剂

在 θ 溶剂中,链段－链段的作用稍强于链段－溶剂之间的作用,引起分子链收缩的体积恰好等于刚球排斥引起的分子链膨胀的体积,排除体积 $v=0$。同时,θ 溶剂的选择除了与溶剂相关外,还与温度有关。

4. 亚良溶剂

在亚良溶剂中,由于链段－链段之间的作用略强于链段－溶剂之间的作用,会引起分子链体积的微弱收缩。然而,这种收缩同刚球排斥作用所引起的体积膨胀相比并不占优势。 因此, 在亚良溶剂中的排除体积应该介于 θ 溶剂和无热溶剂之间,即 $0 < v < b^2 d$。

5. 劣溶剂

在讨论劣溶剂之前,先讨论非溶剂。非溶剂是一种极端的劣溶剂,处在非溶剂中的高分子链段之间强烈互亲,以至于把所有的溶剂分子全部排除在分子链之外,此时高分子链高度蜷曲,排除体积就是自身占有体积,即 $v \approx -bd^2$。当链段－链段之间的作用远强于链段－溶剂之间的作用时,链段之间强烈互亲,甚至刚球排斥所引起的体积膨胀也无法抵消这种互亲所引起的体积收缩,此时高分子线团的排除体积为负值,介于非溶剂和 θ 溶剂之间,即 $-bd^2 < v < 0$。

3.3　高分子溶液中的热力学参数

通过计算和测量溶液的热力学性质,可以充分了解溶液分子间相互作用的微观机理,从而为溶液体系中的溶解、反应及分离过程提供理论指导。Flory 和 Huggins 在 1942 年基于平均场理论创立了晶格模型,并应用统计热力学的方法,得到高分子溶液重要的热力学参数混合熵 ΔS_m、混合热 ΔH_m 和混合吉布斯自由能 ΔG_m 等。晶格模型是基于理想溶液进行推导的。如果高分子溶液满足以下 4 点假定就可以视为"理想溶液":① 溶解过程中没有热量变化,溶剂-溶剂、溶质-溶质以及溶质-溶剂之间的作用相等;② 高分子链是柔性的,所有构象具有相同的能量;③ 溶液中分子排列与晶体一样,呈晶格排列;晶格中的每个溶剂分子占据一个格子,高分子中的每个链段占据一个格子,整条分子链将占据若干个连续的格子;④ 这些链段是均匀分布的,也就是说每个链段占据格子的概率和溶剂分子相同。

不难看出这些假定过于理想化,是不符合真实溶液的。比如在高分子的良溶剂和劣溶剂中,溶剂-溶剂、链段-链段以及链段-溶剂的作用并不相等,因此混合热不为零。根据 Flory 的内旋异构近似理论,反式构象总是比旁式构象的构象能低。高分子链由重复单元依次键接而成,每个重复单元均可视为一个小分子,整条高分子链要比溶剂小分子大很多;因此,与相同数目的小分子相比,高分子的熵值也要大得多。尽管这些假定与实际并不相符,但是从晶格模型出发可以简单直观地推导出高分子溶液中重要的热力学参数,因此时至今日晶格模型理论依旧是高分子热力学研究的重要基础。

在晶格模型中,Flory 和 Huggins 将高分子溶液视为若干个大小相同的格子,其中每个溶剂小分子可以占据一个格子;由于高分子的尺寸与小分子差距悬殊,为解决该问题,他们将高分子等效为 x 个"链段",每个链段的尺寸与溶剂小分子相同,因此将占据 x 个连续的格子。这里的 x 为高分子与溶剂分子的摩尔体积比。晶格模型中"链段"的定义与 Kuhn 链段和 Guass 链段的定义并不相同,这点要特别注意。本书中除了晶格模型中的"链段"外,其余地方出现的"链段"均指 Kuhn 链段或 Guass 链段。高分子链段在溶液中均匀分布且具有相同的能量,因此每个链段占据任一格子的概率与溶剂分子一样。

图 3.12 展示了小分子理想溶液、高分子溶液和高分子共混体系的晶格模型。对于小分子溶液,溶质和溶剂分子体积相似,各占一个格子,溶质和溶剂分子均可以随机分布。对于高分子溶液,一条分子链被等效为 x 个链段,因此分子链将占据 x 个连续的格子。高分子共混体系也可以用晶格模型进行研究,体系中的溶质和溶剂均为高分子,因此溶质和溶剂将分别占据 x 个和 y 个连续的格子。

假设高分子溶液中含有 N_1 个溶剂分子和 N_2 条高分子链,下面讨论如何将 N_2 条高分子链和 N_1 个溶剂分子均匀混合。首先,确定溶液体系中含有多少个格子。每个溶剂

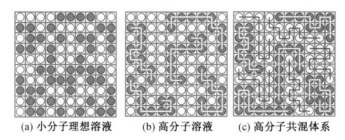

(a) 小分子理想溶液　　(b) 高分子溶液　　(c) 高分子共混体系

图 3.12　　小分子理想溶液、高分子溶液和高分子共混体系的晶格模型

分子占据一个格子，溶剂分子共占据 N_1 个格子；每条高分子链上含有 x 个链段，N_2 条高分子链共有 xN_2 个链段，将占据 xN_2 个格子。因此，整个溶液体系含有的格子总数为 $N = N_1 + xN_2$ 个。

3.3.1　混合熵

根据玻尔兹曼熵定律，$S = k\ln\Omega$，其中 Ω 代表微观状态数。在高分子混合溶液中，微观状态数对应于各种分子在格子中的分配方式数，也就是计算 N_1 个溶剂分子和 N_2 条高分子链在 $N_1 + xN_2$ 个格子中的排列方式数。

现在，假设已有 j 条高分子链被无规地放在晶格内，因而剩下的空格数为 $N - jx$。那么第 $j+1$ 根高分子链放入时的排列方式 W_{j+1} 为多少呢？

第 $j+1$ 条高分子链的第一个链段可以放在 $(N - jx)$ 个空格中的任一格子内，其放置方法数为：$N - jx$。

第二个链段的放置方法数是不是 $N - jx - 1$ 呢？当然不是。原因在于高分子链中的链段是连续的，因此第二个链段在晶格中应该占据与第一个链段相邻的格子。晶格模型认为每个晶格的配位数为 Z。图 3.12 中平面晶格的 $Z = 8$；如果是三维立体晶格，$Z = 26$。无论哪一种晶格，配位数 Z 都是大于 1 的。

第二个链段虽然要在第一个链段周边放置，但是不能随意放置；原因在于周边的格子有可能已被之前放置的高分子链段占据。因此第二个链段放置的方法数应该为配位数与空格概率的乘积。与第一个链段相邻的格子空格概率为空格数与格子的总数目之比，即 $\dfrac{N - jx - 1}{N}$；因此，第二个链段的放置方法数为 $Z \times \dfrac{N - jx - 1}{N}$。

接下来，放置第三个链段。与第二个链段相邻的格子为空格的概率为 $\dfrac{N - jx - 2}{N}$；在第二个链段周边的格子中，有一个格子肯定被第一个链段占据，所以配位数应该为 $Z - 1$；故第三个链段的放置方法数为 $(Z - 1) \times \dfrac{N - jx - 2}{N}$。

显然，第四个链段的放置方法数为 $(Z - 1) \times \dfrac{N - jx - 3}{N}$。

由此可以推测，第 x 个链段的放置方法数为 $(Z-1) \times \left[\dfrac{N-jx-(x-1)}{N} \right]$。

第 $j+1$ 条高分子链在 $(N-xj)$ 个空格中的放置方法数 W_{j+1} 为这条分子链各个链段放置方法数之积：

$$W_{j+1} = (N-jx)Z\left(\frac{N-jx-1}{N}\right)(Z-1)\left(\frac{N-jx-2}{N}\right)\cdots(Z-1)\left(\frac{N-jx-x+1}{N}\right) =$$

$$Z(Z-1)^{x-2}(N-jx)\left(\frac{N-jx-1}{N}\right)\left(\frac{N-jx-2}{N}\right)\cdots\left(\frac{N-jx-x+1}{N}\right) \approx$$

$$\left(\frac{Z-1}{N}\right)^{x-1}\frac{(N-jx)!}{(N-jx-x)!} \tag{3.12}$$

N_2 条高分子链在 N 个空格中的放置方法为每一条分子链放置方法数的乘积：

$$\Omega = \frac{1}{N_2!}W_1 W_2 W_3 \cdots W_{N_2} = \frac{1}{N_2!}\prod_{j=0}^{N_2-1}W_{j+1} \tag{3.13}$$

式中，除以 $N_2!$ 是因为模型假设 N_2 条高分子链完全相同，它们互换位置不引起排列方式的改变。

将式（3.12）代入式（3.13），可得

$$\Omega = \frac{1}{N_2!}\prod_{j=0}^{N_2-1}W_{j+1} = \frac{1}{N_2!}\left(\frac{Z-1}{N}\right)^{N_2(x-1)}\prod_{j=0}^{N_2-1}\frac{(N-jx)!}{(N-jx-x)!} \tag{3.14}$$

其中

$$\prod_{j=0}^{N_2-1}\frac{(N-jx)!}{(N-jx-x)!} = \frac{N!}{(N-x)!}\frac{(N-x)!}{(N-2x)!}\cdots\frac{[N-(N_2-1)x]}{(N-xN_2)!} = \frac{N!}{(N-xN_2)!} \tag{3.15}$$

将式（3.15）代入式（3.14），可得

$$\Omega = \frac{1}{N_2!}\left(\frac{Z-1}{N}\right)^{N_2(x-1)}\frac{N!}{(N-xN_2)!} \tag{3.16}$$

根据熵的定义，对于高分子溶液，

$$S_{\text{solution}} = k\ln\Omega = k\left[N_2(x-1)\ln\frac{Z-1}{N} + \ln N! - \ln N_2! - \ln(N-xN_2)!\right] \tag{3.17}$$

利用斯特林（Stirling）公式（当 $N \gg 1$ 时，$\ln N! = N\ln N - N$）对式（3.17）进行简化：

$$S_{\text{solution}} = -k\left[N_1\ln\frac{N_1}{N_1+xN_2} + N_2\ln\frac{N_2}{N_1+xN_2} - N_2(x-1)\ln\frac{Z-1}{e}\right] \tag{3.18}$$

这里需要注意，S_{solution} 并不是熵变，而是混合之后高分子溶液的熵值。想要得到熵变 ΔS_{m}，还必须知道溶解前高分子的熵值和纯溶剂的熵值。纯溶剂的微观状态数为 1，熵值为 0。而混合前高分子的熵值与聚集态有关。设溶解前聚合物处于分子链为无规线团的

解取向态或熔融态,也就是说溶解前分子链的排列方式与在溶液中相同,此时 N_2 条高分子链上的链段在空格中的放置方法数相当于上述讨论中 $N_1=0$,总晶格数目 $N=xN_2$ 的情况。根据式(3.18),可以计算出混合前高分子的熵值为

$$S_{polymer} = kN_2 \left[\ln x + (x-1)\ln \frac{Z-1}{e} \right] \tag{3.19}$$

则溶解过程中的混合熵为

$$\Delta S_m = S_{solution} - (S_{polymer} + S_{solvent}) = -k \left[N_1 \ln \frac{N_1}{N_1+xN_2} + N_2 \ln \frac{xN_2}{N_1+xN_2} \right] \tag{3.20}$$

由图 3.12 中的晶格模型可知 $N_1/(N_1+xN_2)$ 和 $xN_2/(N_1+xN_2)$ 的物理意义,应该是溶剂小分子和溶质高分子的体积分数 φ_1 和 φ_2,即

$$\varphi_1 = \frac{N_1}{N_1+xN_2}, \quad \varphi_2 = \frac{xN_2}{N_1+xN_2}$$

将摩尔气体常数 R 和物质的量 n 代入式(3.20),可得

$$\Delta S_m = -R(n_1 \ln \varphi_1 + n_2 \ln \varphi_2) \tag{3.21}$$

值得注意的是,以上推导过程中忽视了溶剂和分子链之间的相互作用,仅考虑高分子链段排布方式所引起的微观状态变化,因此它实际上是混合后构象状态变化所引起的熵增,也称为构象熵。小分子理想溶液混合熵的计算公式为

$$\Delta S_m^i = -R(n_1 \ln x_1 + n_2 \ln x_2) \tag{3.22}$$

式中,x_1 和 x_2 分别为溶剂和溶质分子的摩尔分数。

由此可见,与小分子理想溶液混合熵相比,高分子溶液混合熵的计算公式中,只是用体积分数取代了摩尔分数。从晶格模型中可以看出,一条分子链被等效为 x 个链段,每一个链段都相当于一个小分子,高分子的体积分数要远大于摩尔分数。相同物质的量的高分子与小分子溶液相比,前者的混合熵要比后者大很多。然而,由于高分子链段彼此相连,因此虽然被等效为 x 个链段,但起不到 x 个独立小分子的作用,因此 1 mol 高分子溶液同 x mol 小分子溶液相比,构象熵又要小于后者。当高分子链只有 1 个链段时,高分子混合熵和小分子理想溶液混合熵是相同的。

3.3.2　混合热

高分子溶液在混合之前,纯溶剂和高分子彼此独立,此时的体系中只存在溶剂－溶剂以及链段－链段之间的作用。以[1－1]表示溶剂－溶剂之间的相互作用,其作用能为 ε_{1-1};以[2－2]表示链段－链段之间的相互作用,其作用能为 ε_{2-2}。当高分子溶解在溶剂中形成均一溶液后,除了溶剂－溶剂和链段－链段之间的作用外,还形成了链段－溶剂之间的作用,用[1－2]表示,作用能为 ε_{1-2}。只有溶剂分子和链段直接接触才可能形成[1－2],这就需要破坏原来的[1－1]和[2－2]。从图 3.13 可以看出,每破坏 1 个[1－1]

和[2－2]就能形成 2 个[1－2],相应的作用能变化 $\Delta\varepsilon$ 可以表示为

$$\Delta\varepsilon = \varepsilon_{1-2} - \frac{1}{2}(\varepsilon_{1-1} + \varepsilon_{2-2}) \tag{3.23}$$

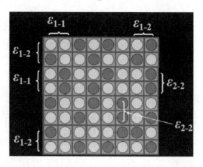

图 3.13　　高分子溶液中总的相互作用能

如果溶液中生成了 P 对[1－2],则整个溶解过程中总的相互作用能变化为

$$\Delta H_m = P \cdot \Delta\varepsilon \tag{3.24}$$

在图 3.13 的晶格模型中,每个链段的配位数为 Z。考虑到链段两端连接其他链段,因此每个链段周围的配位数或格子数目应该为 $Z-2$(首端和末端链段对应格子数目应为 $Z-1$,这里近似认为也是 $Z-2$)。整个高分子中含有 x 个链段,故周围的格子总数应该为 $(Z-2)x$ 个。但是,这些格子并不一定全部被溶剂分子占据,也有可能被其他链段占据(既可以来自同一条分子链也可以来自其他分子链)。因此,被溶剂占据的格子数目应该在总格子数的基础上乘每个格子被溶剂占据的概率。如前所述,这个概率的求解方法为整个晶格中溶剂占据的格子数与总格子数的比值,也就是溶剂的体积分数 φ_1。因此一条高分子链和溶剂分子形成的总作用数目 $P = (Z-2)x\varphi_1$,混合热 $\Delta H = (Z-2)x\varphi_1\Delta\varepsilon$。溶液中一共有 N_2 条高分子链,则混合热 ΔH_m 为

$$\Delta H_m = (Z-2)xN_2\varphi_1\Delta\varepsilon = (Z-2)N_1\varphi_2\Delta\varepsilon \tag{3.25}$$

在这里,定义一个新参数 χ:

$$\chi = \frac{Z-2}{kT}\Delta\varepsilon \tag{3.26}$$

将式(3.26)代入式(3.25)即得到高分子溶液混合热 ΔH_m 的计算公式:

$$\Delta H_m = (Z-2)N_1\varphi_2\Delta\varepsilon = kT\chi N_1\varphi_2 = RT\chi n_1\varphi_2 \tag{3.27}$$

新定义的参数 χ 为 Huggins 参数(或相互作用参数)。从式(3.26)可以看出,χ 是反映高分子与溶剂混合过程中相互作用能变化的物理量,既可以是正值也可以是负值,取决于 $\Delta\varepsilon$。$kT\chi$ 的物理意义是把一个溶剂分子放到溶质高分子中所引起的能量变化。由 3.1 节可知,混合过程中混合熵 ΔS_m 总是大于零的,因此混合吉布斯自由能表达式(3.1)中的第二项总是小于零。在这种情况下,当第一项 ΔH_m 越小,溶解越容易进行。结合式(3.27),χ 越小则 ΔH_m 越小,高分子溶解越容易进行。

已知 ΔH_m 和 ΔS_m 的表达式后,就可以推导混合过程中吉布斯自由能的变化 ΔG_m,将

式(3.21)和式(3.27)代入式(3.1)后,可得

$$\Delta G_{\mathrm{m}} = \Delta H_{\mathrm{m}} - T\Delta S_{\mathrm{m}} = RT(n_1\ln\varphi_1 + n_2\ln\varphi_2 + \chi n_1\varphi_2) \quad (3.28)$$

式中前两项来自混合熵的贡献;由于φ_1和φ_2为溶剂和溶质的体积分数,数值均小于1,所以混合熵的贡献小于零。最后一项为混合热的贡献,正负取决于Huggins参数χ。

3.3.3　化学位

在温度和压力等条件确定的情况下,向无限大的溶液体系中加入1 mol溶质或溶剂引起热力学函数的变化称为偏摩尔量。对于溶液,既有溶剂的偏摩尔量又有溶质的偏摩尔量。在本节中,已经得到ΔS_{m}、ΔH_{m}和ΔG_{m}的表达式,将这些热力学参数分别对溶剂(或溶质)的物质的量求偏导数就可以得到相应的偏摩尔物理量。其中,偏摩尔吉布斯自由能ΔG_{m}又称化学位($\Delta\mu$)。式(3.29)~(3.34)中列出了ΔS_{m}、ΔH_{m}和ΔG_{m}对溶剂和溶质的偏导数,物理量中的下角标1表示对溶剂的偏导数,下角标2表示对溶质的偏导数。

$$\Delta\widetilde{S}_1 = \left(\frac{\partial\Delta S_{\mathrm{M}}}{\partial n_1}\right)_{T,p,n_2} = -R\left[\ln\varphi_1 + \left(1 - \frac{1}{x_1}\right)\varphi_2\right] \quad (3.29)$$

$$\Delta\widetilde{S}_2 = \left(\frac{\partial\Delta S_{\mathrm{M}}}{\partial n_2}\right)_{T,p,n_1} = -R\left[\ln\varphi_2 - (x-1)\varphi_1\right] \quad (3.30)$$

$$\Delta\widetilde{H}_1 = \left(\frac{\partial\Delta H_{\mathrm{M}}}{\partial n_1}\right)_{T,p,n_2} = RT\chi\varphi_2^2 \quad (3.31)$$

$$\Delta\widetilde{H}_2 = \left(\frac{\partial\Delta H_{\mathrm{M}}}{\partial n_2}\right)_{T,p,n_1} = RT\chi x\varphi_1^2 \quad (3.32)$$

$$\Delta\mu_1 = \left(\frac{\partial\Delta G_{\mathrm{M}}}{\partial n_1}\right)_{T,p,n_2} = \Delta\widetilde{H}_1 - T\Delta\widetilde{S}_1 = RT\left[\ln\varphi_1 + \left(1 - \frac{1}{x}\right)\varphi_2 + \chi\varphi_2^2\right] \quad (3.33)$$

$$\Delta\mu_2 = \left(\frac{\partial\Delta G_{\mathrm{M}}}{\partial n_2}\right)_{T,p,n_1} = \Delta\widetilde{H}_2 - T\Delta\widetilde{S}_2 = RT\left[\ln\varphi_2 - (x-1)\varphi_1 + \chi x\varphi_1^2\right] \quad (3.34)$$

式(3.33)就是溶剂的化学位$\Delta\mu_1$,表示1 mol小分子从纯溶剂状态到高分子溶液状态所产生的自由能变化。由于高分子稀溶液中溶质的体积分数$\varphi_2 \ll 1$,$\ln\varphi_1$可以用Stirling公式(3.35)进行简化处理:

$$\ln\varphi_1 = \ln(1 - \varphi_2) \approx -\varphi_2 - \frac{1}{2}\varphi_2^2 \quad (3.35)$$

将式(3.35)代入式(3.33)后,可以得到

$$\Delta\mu_1 = \left(\frac{\partial\Delta G_{\mathrm{M}}}{\partial n_1}\right)_{T,p,n_2} = \Delta\widetilde{H}_1 - T\Delta\widetilde{S}_1 = RT\left[-\frac{\varphi_2}{x} + \left(\chi - \frac{1}{2}\right)\varphi_2^2\right] \quad (3.36)$$

对于高分子稀溶液($N_1 \gg N_2$),溶质的体积分数φ_2可以进行进一步的简化处理:$\varphi_2 = \dfrac{xN_2}{N_1 + xN_2} \approx x\dfrac{N_2}{N_1 + N_2} = xx_2$。式中,$x$表示一条高分子链所等效的链段数目,$x_2$表示溶质高分子链的摩尔分数。将式(3.36)和式(3.35)联立后,可得高分子溶液中溶剂

化学位 $\Delta\mu_1$ 的表达式：

$$\Delta\mu_1 = \left(\frac{\partial \Delta G_{\mathrm{M}}}{\partial n_1}\right)_{T,p,n_2} = \Delta\widetilde{H}_1 - T\Delta\widetilde{S}_1 = RT\left[-x_2 + \left(\chi - \frac{1}{2}\right)\varphi_2^2\right] \tag{3.37}$$

得到式(3.37)后，讨论理想溶液中溶剂的化学位。任一组分在全部范围内都符合拉乌尔定律的溶液为理想溶液，理想溶液中溶质－溶质、溶剂－溶剂以及溶质－溶剂之间的相互作用完全相同，因此混合热 $\Delta H_{\mathrm{m}} = 0$，且混合过程中的体积变化 $\Delta V_{\mathrm{m}} = 0$，根据式(3.22)已经得到的理想溶液混合熵 ΔS_{m}^i，可以推导出理想溶液中混合吉布斯自由能为

$$\Delta G_{\mathrm{m}}^i = \Delta H_{\mathrm{m}} - T\Delta S_{\mathrm{m}} = RT(n_1\ln x_1 + n_2\ln x_2) \tag{3.38}$$

将式(3.38)对溶剂求偏导数，可得理想溶液中溶剂的化学位 $\Delta\mu_1^i$ 为

$$\Delta\mu_1^i = \left(\frac{\partial \Delta G_{\mathrm{M}}^i}{\partial n_1}\right)_{T,p,n_2} = RT\ln x_1 = RT\ln(1-x_2) \approx -RTx_2 \tag{3.39}$$

对比式(3.37)和式(3.39)不难发现，式(3.37)中等号右侧的第一项就是理想溶液中溶剂的化学位 $\Delta\mu_1^i$。由此，可以把高分子溶液中溶剂的化学位 $\Delta\mu_1$ 分成两部分，其中一项是理想溶液中溶剂的化学位 $\Delta\mu_1^i$，另一项为"非理想部分"，称为超额化学位 $\Delta\mu_1^E$。它是表示高分子实际溶液与理想溶液偏差的物理量：

$$\Delta\mu_1^E = \Delta\mu_1 - \Delta\mu_1^i = RT\left(\chi - \frac{1}{2}\right)\varphi_2^2 \tag{3.40}$$

式(3.40)中，当 $\chi = 1/2$ 时，超额化学位 $\Delta\mu_1^E = 0$，表示高分子实际溶液的化学位变化与理想溶液的化学位是一样的。当 $\chi < 1/2$ 时，$\Delta\mu_1^E < 0$，溶解趋于自发完成，相应的溶剂为良溶剂。根据式(3.27)，χ 减小则 ΔH_{m} 减小，高分子在溶剂中的溶解能力提高。进一步可以推导得出 ΔG_{m} 和 $\Delta\mu_1$ 都会减小，因此溶解容易进行。根据式(3.40)，相对于理想溶液来说，$\Delta\mu_1$ 减小的原因为超额化学位下降，即 $\Delta\mu_1^E < 0$。反之，当 $\chi > 1/2$ 时，$\Delta\mu_1^E > 0$，溶解变得困难，所对应的溶剂为劣溶剂。

3.4　Flory－Krigbaum 稀溶液理论

3.4.1　热参数和熵参数

Flory 和 Huggins 的晶格模型非常简单、易于理解，物理意义也很清晰，但是出发点太过理想化，在 4 点假定中有很多不符合真实链的情况，因此该模型有一定的局限性。首先，小分子即使是在稀溶液中，溶质也可以在分子或离子尺度上均匀分布；但是对于高分子溶液，尤其是稀溶液来说，这是不成立的。如图 3.14 所示，稀溶液中高分子链彼此独立，有分子链的地方浓度大，没有分子链的地方浓度为零，因此高分子稀溶液中链段的浓度并不均一。其次，晶格模型只考虑了近程作用，并没有考虑远程作用。当远端链段相互

靠近时,两条分子链之间也可能形成相互作用,从而使相互作用单元的数目不受配位数影响。

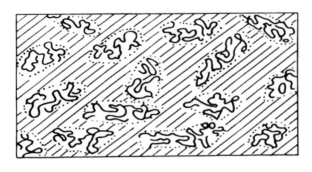

图 3.14　高分子稀溶液中的链段云

针对上述局限性,Flory 和 Krigbaum 对晶格模型做了进一步的修正和发展,提出了更接近真实链的高分子稀溶液理论,称为 Flory－Krigbaum 稀溶液理论。该理论考虑到了链段的不均匀分布及链段－溶剂之间相互作用的复杂性,认为对于高分子稀溶液来说分子链像"云朵"一样零散地分散在溶剂中,并形象地称其为"链段云"。在高分子稀溶液中,链段云的分布是不均匀的,以质心为中心,链段的径向分布满足 Gauss 分布。Flory－Krigbaum 稀溶液理论将刚球排斥纳入了考虑,认为溶液中的每一条高分子链都有一定的排除体积,一条高分子链很难进入另一条高分子链所占据的区域。

在理想溶液中,链段－溶剂与链段－链段之间的相互作用是相等的。而在良溶剂中,链段－溶剂之间的相互作用大于链段－链段之间的相互作用,这种不相等的相互作用会导致高分子溶液中的热力学性质产生"非理想"部分。此外,在良溶剂中高分子链倾向于伸展构象,造成许多其他构象无法实现(如蜷曲构象)。相对于理想状态,构象数自然减少很多,这也会导致高分子溶液中的热力学性质产生"非理想"部分。由此可见,高分子实际溶液与理想溶液偏离,一部分是由热(相互作用)引起的,另一部分是由熵(构象)引起的。由此可以推测超额化学位 $\Delta \mu_1^{\mathrm{E}}$ 应该是分子间相互作用对混合熵和混合热的总贡献。为将二者的贡献区分开来,Flory 引入了两个参数,即热参数 K_1 和熵参数 Ψ_1,并认为它们分别来自溶液中溶剂的偏摩尔超额混合热 $\Delta \widetilde{H}_1^{\mathrm{E}}$ 和偏摩尔超额混合熵 $\Delta \widetilde{S}_1^{\mathrm{E}}$:

$$\Delta \widetilde{H}_1^{\mathrm{E}} = RTK_1 \varphi_2^2 \tag{3.41}$$

$$\Delta \widetilde{S}_1^{\mathrm{E}} = R\Psi_1 \varphi_2^2 \tag{3.42}$$

据此,超额化学位 $\Delta \mu_1^{\mathrm{E}}$ 的表达式可以写为

$$\Delta \mu_1^{\mathrm{E}} = \Delta \widetilde{H}_1^{\mathrm{E}} - T\Delta \widetilde{S}_1^{\mathrm{E}} = RT(K_1 - \Psi_1)\varphi_2^2 \tag{3.43}$$

对比超额化学位 $\Delta \mu_1^{\mathrm{E}}$ 的表达式(3.40),可以得出

$$\chi - \frac{1}{2} = K_1 - \Psi_1 \tag{3.44}$$

这进一步验证了 $\chi - 1/2$ 代表的是分子间相互作用对混合熵和混合热的总贡献。Flory 引入了一个新参数 T_θ，并将其定义为偏摩尔超额混合热与偏摩尔超额混合熵的比值与温度 T 的乘积：

$$T_\theta = \frac{\Delta \widetilde{H}_1^{\mathrm{E}}}{\Delta \widetilde{S}_1^{\mathrm{E}}} = \frac{K_1}{\Psi_1} T \qquad (3.45)$$

T_θ 的单位与温度 T 的单位相同，θ 温度也称为 Flory 温度。将式(3.45)代入式(3.43)，可以得到

$$\Delta \mu_1^{\mathrm{E}} = RT \Psi_1 \left(\frac{T_\theta}{T} - 1 \right) \varphi_2^2 \qquad (3.46)$$

当超额化学位 $\Delta \mu_1^{\mathrm{E}} = 0$ 时，高分子实际溶液和理想溶液的化学位相同，此时的温度 $T = T_\theta$，高分子链的排除体积 $v = 0$，高分子溶液的热力学行为与理想溶液相同，高分子处于 θ 状态(理想状态)。此温度被称为 θ 温度，溶剂被称为 θ 溶剂，高分子链处于无扰状态。在这里要明确 θ 溶液和真正的理想溶液是有差别的。真正的理想溶液与温度无关，在任何温度下 $\Delta \mu_1^{\mathrm{E}} = 0$。而高分子的 θ 溶液，只是在某种特定溶剂中和某一特定温度下恰好表现出 $\Delta \mu_1^{\mathrm{E}} = 0$ 的热力学行为，此时的偏摩尔超额混合热 $\Delta \widetilde{H}_1^{\mathrm{E}}$ 和偏摩尔超额混合熵 $\Delta \widetilde{S}_1^{\mathrm{E}}$ 与理想溶液可能还存在着差异，只是这种差异恰好相互抵消而已。只要改变温度或溶剂，θ 状态随即被打破。因此，高分子 θ 溶液并不是真正的理想溶液，只是一种"假的"理想溶液。

3.4.2　θ 状态

从式(3.43)可以看到，当溶液的热参数 K_1 和熵参数 Ψ_1 相等时，溶剂的超额化学位 $\Delta \mu_1^{\mathrm{E}} = 0$，此时高分子溶液处于 θ 状态。对于高分子溶液，θ 状态非常重要，很多物理参数的测试都需要在 θ 状态下进行，比如可以用无扰均方末端距和无扰均方回转半径比较分子链的尺寸，衡量高分子的柔顺性，因为在 θ 状态下，溶剂和温度等外界干扰因素已被排除。

当 $T > T_\theta$ 时，根据式(3.46)可知 $\Delta \mu_1^{\mathrm{E}} < 0$，此时聚合物对应的溶剂将从 θ 溶剂过渡到良溶剂，分子链呈伸展构象；且温度越高，分子链越伸展，排除体积 v 越大。用扩张因子 α 表示高分子链的扩张程度，它的定义是高分子链在温度 T 时的均方末端距(或均方回转半径)与 θ 状态下的无扰均方末端距(或无扰均方回转半径)之比：

$$\alpha = \sqrt{\frac{\langle h^2 \rangle}{\langle h^2 \rangle_0}} = \sqrt{\frac{\langle R_{\mathrm{g}}^2 \rangle}{\langle R_{\mathrm{g}}^2 \rangle_0}} \qquad (3.47)$$

α 与温度、溶质的性质以及溶液的浓度等因素有关。在 θ 溶剂中 $\alpha = 1$，分子链处于无扰状态；在良溶剂中 $\alpha > 1$，分子链处于伸展状态；在劣溶剂中 $\alpha < 1$，分子链处于蜷曲状态。除上述因素外，α 还与聚合物的分子量相关，在溶剂和温度等参数确定后，扩张因子

同分子量的关系为

$$\alpha^5 - \alpha^3 \propto M^{\frac{1}{2}} \tag{3.48}$$

实验表明,在良溶剂中 $\alpha^5 \gg \alpha^3$,因此式(3.48)中可以忽略 α^3,故 $\alpha \propto M^{0.1}$。在 θ 溶剂中,$\langle h^2 \rangle_0 \propto M$,所以良溶剂中的均方末端距同分子量的关系为

$$\langle h^2 \rangle = \alpha^2 \langle h^2 \rangle_0 \propto M^{\frac{6}{5}} \tag{3.49}$$

从式(3.49)可知,区别于理想溶液中均方末端距 $\langle h^2 \rangle$ 与分子量 M 呈正比,高分子良溶剂中,均方末端距 $\langle h^2 \rangle$ 同分子量 M 的 6/5 次方成正比,也就是均方根末端距 h 与聚合度 n 的 3/5 次方成正比,这一点已经被实验数据所证实,更为详细的推导过程将在下一章介绍。造成这一关系的主要原因是真实链在良溶液中的远程作用是不能被忽视的。

通过对之前知识的总结,以下 4 个物理化学参数和 θ 状态相关:温度 T、排除体积 v、Huggins 参数 χ 和超额化学位 $\Delta\mu_1^E$。此外,第二维利系数 A_2 也与 θ 状态密切相关,它是描述高分子实际溶液与理想溶液差值的物理量,将在 3.5 节中进行介绍。这里只给出 A_2 与 χ 之间的关系式:

$$A_2 = \left(\frac{1}{2} - \chi \right) \frac{1}{\widetilde{V}_1 \rho_2^2} \tag{3.50}$$

式中,$\widetilde{V}_1$ 为溶剂的偏摩尔体积;ρ_2 为溶质高分子的密度。

根据上述 5 个参数之间的关系,可以得到以下重要的结论:

(1)当 $T = T_\theta$ 时,$\chi = 1/2$,$A_2 = 0$,$\Delta\mu_1^E = 0$,$v = 0$,高分子处于 θ 状态,分子链为无扰链,溶剂为 θ 溶剂,温度为 θ 温度;

(2)当 $T > T_\theta$ 时,$\chi < 1/2$,$A_2 > 0$,$\Delta\mu_1^E < 0$,$v > 0$,链段－溶剂之间的排斥势能大于链段－链段之间的吸引势能,高分子链伸展,此时聚合物处于良溶剂中;

(3)当 $T < T_\theta$ 时,$\chi > 1/2$,$A_2 < 0$,$\Delta\mu_1^E > 0$,$v < 0$,链段－链段之间的吸引势能大于链段－溶剂之间的排斥势能,此时高分子处于劣溶剂中,且温度越低,溶剂越劣,聚合物越容易沉淀析出。

3.5 分子量的测试

测试分子量的方法多种多样,各种方法得到的分子量也各不相同。随着科技的进步,一些传统测试方法因为存在种种弊端已逐渐被淘汰,如端基分析法只能用来测试分子量小于 1.0×10^4 g/mol,且端基含有功能基团的线型高分子。在众多方法中,选择 4 种实验室最常用的方法进行介绍:膜渗透压法实验设备简单、测试精度足以满足日常要求,还可以测试第二维利系数 A_2;黏度法是实验室中黏均分子量测试的最主要方法;体积排除色谱法既可以测试重均分子量也可以测试数均分子量,还可以给出分子量的分布;光散射法是一种绝对法,能够直接测试重均分子量和 A_2,此外还能测试均方回转半径。

3.5.1　膜渗透压法

膜渗透压法是一种古老的方法,早在高分子学科创立初期,研究人员就采用该方法进行分子量测试。其基本原理是依据稀溶液中聚合物分子与溶剂分子穿过半透膜能力的差异,导致在半透膜两侧产生一个与溶质浓度及聚合物分子量相关的压力差(渗透压)。通过测试不同浓度高分子溶液的渗透压,再将溶液浓度外推到零就可以得到聚合物的分子量。

图 3.15 为膜渗透压法测定聚合物分子量的实验装置。U 形池被半透膜分隔成两部分:左侧为纯溶剂,右侧为等高且已知浓度的高分子稀溶液。由于半透膜只允许溶剂小分子穿过,限制高分子穿过,因此右侧的液面缓慢升高,液体的静压力增加,溶剂分子穿过半透膜的阻力逐渐增大。与此同时,静压力将促使右侧溶剂分子穿过半透膜重新回到左侧的溶剂池中,当半透膜两侧溶剂分子的穿过速度达到动态平衡时,液面差保持恒定。此时的液面差与溶液渗透压成正比。

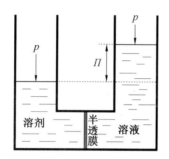

图 3.15　膜渗透压法测定聚合物分子量的实验装置

渗透压产生的原因是溶液的蒸气压降低,因为纯溶剂的化学位比溶液中溶剂的化学位高,二者的差值 $\Delta\mu_1$ 为

$$\Delta\mu_1 = \mu_1 - \mu_1^0 = RT\ln\,(p_1/p_1^0) \tag{3.51}$$

式中,μ_1^0 和 μ_1 分别为纯溶剂和溶液中溶剂的化学位;p_1^0 和 p_1 分别为它们的蒸气压。

从图 3.15 可以看到,溶剂池中溶剂所受到的静压力为 p;溶液池中溶剂受到的静压力为 $p+\Pi$,两者的静压力不同,化学位也不相同,差值为

$$\Delta\mu_1 = \tilde{V}_1 p - \tilde{V}_1(p+\Pi) = -\tilde{V}_1\Pi \tag{3.52}$$

式中,$\Delta\mu_1$ 为液体的总压力增加导致的溶剂化学位增加值;$\tilde{V}_1$ 为溶剂的偏摩尔体积。

当式(3.51)和式(3.52)中 $\Delta\mu_1$ 数值相等时,溶剂在半透膜两侧的化学位一样,此时渗透过程达到化学平衡,联立两式可得

$$\Delta\mu_1 = -\tilde{V}_1\Pi = RT\ln\,(p_1/p_1^0) \tag{3.53}$$

又因为 $p_1 = p_1^0 x_1$,式(3.53)可以用泰勒展开式写为

$$\widetilde{V}_1 \varPi = -RT\ln x_1 = -RT\ln(1-x_2) = RTx_2 = RT\,\frac{n_2}{n_1+n_2} \tag{3.54}$$

式中，x_1 和 x_2 分别为溶液中溶剂和溶质的摩尔分数；n_1 和 n_2 为摩尔数。

稀溶液的 n_2 很小，因此式（3.54）可以近似写为

$$\varPi = RT\,\frac{n_2}{n_1\widetilde{V}_1} = RT\,\frac{c}{M} \tag{3.55}$$

式（3.55）称为范托夫（van't Hoff）方程。式中，c 为溶液浓度（以下溶液浓度均指质量浓度），g/cm^3；M 为溶质高分子的分子量。

从中可以看出，只要已知 $\varPi$ 和 c 的数值，就可以得到 M。然而，高分子溶液的 $\varPi/c$ 与 c 有关，表达式可以通过维利展开获得：

$$\varPi/c = RT(1/M + A_2c + A_3c^2 + \cdots) \tag{3.56}$$

式中，A_2 为第二维利系数；A_3 为第三维利系数。这两个参数都是描述高分子实际溶液和理想溶液偏差的物理量。一般来说，A_3c^2 及以后更高次项几乎为零，可以忽略，所以式（3.56）可简化为

$$\varPi/c = RT(1/M + A_2c) \tag{3.57}$$

式（3.57）就是膜渗透压法测试分子量的公式。进行数据处理时，配制一系列不同浓度的稀溶液，然后测试渗透压 $\varPi$ 的数值。以 c 为横坐标，$\varPi/cRT$ 为纵坐标通过作图法可以得到一条直线，直线的斜率就是 A_2，截距为 $1/M$。因为膜渗透压法与分子链的数目相关，具有依数性，所以得到的分子量为数均分子量 M_n。这里需注意，如果 c 的单位是 g/cm^3、$\varPi$ 的单位是 g/cm^2、T 的单位是 K，则 R 的单位应该是 $8.48 \times 10^4\ g\cdot cm/(K\cdot mol)$。图 3.16 为 25 ℃ 下不同分子量聚 α-甲基苯乙烯样品在甲苯溶剂中 $\varPi/cRT$ 对 c 作图所得直线。同一种高分子溶解在相同的溶剂中，斜率 A_2 是一样的，所以图中得到的是三条平行的直线；此外，分子量越大，所得直线对应的截距 $1/M_n$ 越小。

在 3.4 节，当 $A_2 = 0$ 时，高分子实际溶液表现出和理想溶液相同的热力学行为，A_2 与 Huggins 参数 χ 之间的关系为式（3.50）。接下来，我们将渗透压 $\varPi$ 和化学位 $\Delta\mu_1$ 联系起来，看一下式（3.50）是如何得到的。

式（3.33）中给出了溶剂化学位 $\Delta\mu_1$ 的表达式。联立式（3.33）和式（3.52）即可得到渗透压的另一个表达式：

$$\varPi = -\frac{RT}{\widetilde{V}}\left[\ln\varphi_1 + \left(1-\frac{1}{x}\right)\varphi_2 + \chi\varphi_2^2\right] = -\frac{RT}{\widetilde{V}}\left[\ln(1-\varphi_2) + \left(1-\frac{1}{x}\right)\varphi_2 + \chi\varphi_2^2\right] \tag{3.58}$$

对于高分子稀溶液，$\varphi_2 \ll 1$，利用 Stirling 公式（3.35）对式（3.58）进行展开，可得

$$\varPi = \frac{RT}{\widetilde{V}}\left[\frac{1}{x}\varphi_2 + \left(\frac{1}{2}-\chi\right)\varphi_2^2\right] = \frac{RT}{\widetilde{V}}\left[\frac{\widetilde{V}C}{M} + \left(\frac{1}{2}-\chi\right)\frac{c^2}{\rho_2^2}\right] = RT\left[\frac{c}{M} + \left(\frac{1}{2}-\chi\right)\frac{c^2}{\widetilde{V}\rho_2^2}\right] \tag{3.59}$$

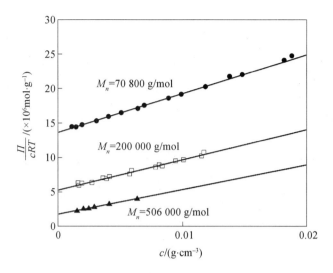

图 3.16　25 ℃ 下不同分子量聚 α－甲基苯乙烯样品在甲苯溶剂中 Π/cRT 对 c 作图所得直线

对比式（3.57）可知，第二维利系数 A_2 与 Huggins 参数 χ 之间的关系为

$$A_2 = \left(\frac{1}{2} - \chi\right)\frac{1}{\widetilde{V}\rho_2^2} \tag{3.60}$$

第二维利系数 A_2 是描述高分子实际溶液与理想溶液差值的物理量，也是链段－链段之间吸引势能与链段－溶剂之间排斥势能相互竞争的一个度量。

膜渗透压法虽然存在一些弊端，如只能测试数均分子量 M_n，且测试范围有限（一般小于 3.0×10^4），半透膜的选择对结果有巨大影响，两侧液面达到平衡需要时间较长等，但这种方法非常简单，几乎无须借助任何特殊设备即可完成测试，所得数均分子量 M_n 也非常准确。更重要的是，通过该方法还能得到第二维利系数 A_2。因此，膜渗透压法在实验室中被广泛使用。

3.5.2　黏度法

黏度法是测试黏均分子量 M_η 的主要方法，所采用的乌氏黏度计是所有测试聚合物分子量仪器中最便宜的一种。该方法测试过程省时、数据处理方便，因此在实验室中应用广泛。在介绍黏度法测定黏均分子量之前，需要先对几个与黏度相关的参数进行介绍。在这里定义 η_0 为纯溶剂的黏度，η 为高分子溶液黏度。

（1）相对黏度 η_r：溶液黏度与纯溶剂黏度之比。

$$\eta_r = \eta / \eta_0 \tag{3.61}$$

（2）增比黏度 η_{sp}：溶液相对于纯溶剂黏度增加的幅度。

$$\eta_{sp} = (\eta - \eta_0) / \eta_0 = \eta_r - 1 \tag{3.62}$$

（3）比浓黏度 η_{sp}/c：增比黏度与溶液浓度之比。

$$\eta_{sp}/c = (\eta_r - 1)/c \tag{3.63}$$

（4）比浓对数黏度 $\ln \eta_r / c$：浓度为 c 的条件下，单位浓度增加对溶液相对黏度自然对数值的贡献。

$$\frac{\ln \eta_r}{c} = \frac{\ln (\eta_{sp} + 1)}{c} \tag{3.64}$$

（5）特性黏度 $[\eta]$：高分子溶液无限稀时，单位浓度的增加对溶液增比黏度或相对黏度对数的贡献。其数值与溶液浓度无关，单位是质量浓度单位的倒数（$mL \cdot g^{-1}$），物理意义为单位质量的高分子在溶液中所占流体力学体积的相对大小。有时也直接用特性黏度来表征分子量的大小。

$$[\eta] = \lim_{c \to 0} \frac{\eta_{sp}}{c} = \lim_{c \to 0} \frac{\ln \eta_r}{c} \tag{3.65}$$

实验证明，当聚合物、溶剂和温度一定时，特性黏度 $[\eta]$ 与高分子黏均分子量 M_η 的关系满足 Mark – Houwink 方程：

$$[\eta] = K M_\eta^\alpha \tag{3.66}$$

在一定分子量范围内，方程中的 K 和 α 是与分子量无关的常数。一般来说，K 与体系性质有关，可以视为常数。α 值反映高分子在溶液中的形态，取决于温度、溶剂和高分子自身性质等诸多因素，通常数值在 $0.5 \sim 1.0$ 之间。对于高分子理想溶液，$\alpha = 0.5$。根据 Mark – Houwink 方程，在 K 和 α 数值已知的情况下，只要测试出特性黏度 $[\eta]$，就可以得到聚合物的黏均分子量 M_η。部分高分子－溶剂体系 Mark – Houwink 方程中的 K 和 α 值见表 3.4。

表 3.4　部分高分子－溶剂体系 Mark – Houwink 方程中的 K 和 α 值

高聚物	溶剂	温度 /℃	$K/\times 10^3$	α	分子量范围 /（$\times 10^{-3}$ g·mol^{-1}）	测定方法
高压聚乙烯	十氢萘	70	3.873	0.74	$2 \sim 35$	O
	对二甲苯	105	1.76	0.83	$11.2 \sim 180$	O
低压聚乙烯	α－氯萘	125	4.3	0.67	$48 \sim 950$	L
	十氢萘	135	6.77	0.67	$30 \sim 1\,000$	L
聚丙烯	十氢萘	135	1.00	0.80	$100 \sim 1\,100$	L
	四氢萘	135	0.80	0.80	$40 \sim 650$	O

续表3.4

高聚物	溶剂	温度 /℃	$K/\times 10^3$	α	分子量范围 /$(\times 10^{-3}\ \mathrm{g \cdot mol^{-1}})$	测定方法
聚异丁烯	环己烷	30	2.76	0.69	37.8 ～ 700	O
聚丁二烯	甲苯	30	3.05	0.73	53 ～ 490	O
聚苯乙烯	苯	20	1.23	0.72	1.2 ～ 540	L、S、D
聚氯乙烯	环己酮	25	0.204	0.56	19 ～ 150	O
聚甲基丙烯酸甲酯	丙酮	20	0.55	0.73	40 ～ 8 000	S、D
聚丙烯腈	二甲基甲酰胺	25	3.92	0.75	28 ～ 1 000	O
尼龙 66	甲酸(90%)	25	11	0.72	6.5 ～ 26	E
聚二甲基硅氧烷	苯	20	2.00	0.78	33.9 ～ 114	L
聚甲醛	二甲基甲酰胺	150	4.4	0.66	89 ～ 285	L
聚碳酸酯	四氢呋喃	20	3.99	0.70	8 ～ 270	S、D
天然橡胶	甲苯	25	5.02	0.67		
丁苯橡胶(50 ℃ 聚合)	甲苯	30	1.65	0.78	26 ～ 1 740	O
聚对苯二甲酸乙二酯	苯酚—四氯乙烷 (质量比 1 ∶ 1)	25	2.1	0.82	5 ～ 25	E
双酚 A 型聚砜	氯仿	25	2.4	0.72	20 ～ 100	L

注:E,端基分析;O,渗透压;L,光散射;S,D,超速离心沉降和扩散。

如何测试[η]呢? 这里需要先介绍两个半经验公式:Huggins 公式和 Kraemer 公式。

Huggins 公式:

$$\frac{\eta_{sp}}{c} = [\eta] + k[\eta]^2 c \tag{3.67}$$

Kraemer 公式:

$$\frac{\ln \eta_r}{c} = [\eta] - \beta[\eta]^2 c \tag{3.68}$$

从这两个半经验公式中不难看出,配制一系列已知浓度的高分子稀溶液,然后测试出增比黏度 η_{sp}(或相对黏度 η_r),通过作图法,以 c 为横坐标,比浓黏度 η_{sp}/c(或比浓对数黏度 $\ln \eta_r/c$)为纵坐标可以得到一条直线,截距即为[η](图 3.17)。实验室中常用乌氏黏度计来测试 η_{sp}(或 η_r)。

图 3.18 为乌式黏度计示意图。乌式黏度计由 3 根管子组成,其中 B 管内有一根长为 L、内径为 r 的毛细管,毛细管的上端有一个体积为 V 的小球,小球上下有刻度线 a 和 b。将乌氏黏度计置于恒温水槽中,分别对稀溶液和纯溶剂进行测试。将待测液体自 A 管加

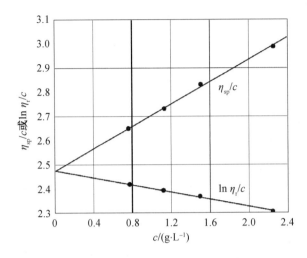

图 3.17　η_{sp}/c 或 $\ln \eta_{sp}/c$ 对 c 作图

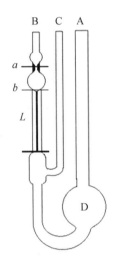

图 3.18　乌式黏度计示意图

入,经 B 管将液体吸至 a 线以上,使 B 管通大气,任其自然流下,记录液面流经 a 线及 b 线的时间 t,这样推动力就是高度为 h 的液体自身重力 Δp。在毛细管内部,当液体流动较慢不发生湍流时,流体速度分布呈抛物锥形,在中心处最大,越靠近毛细管壁速度越小,最终在管壁处减小到零。Δp 全部用以克服液体对流动的黏滞阻力,则推动流体沿毛细管流动的动力与流体黏度之间的关系可以用泊肃叶公式描述:

$$\eta = \frac{\pi r^4 t \Delta p}{8VL} = \frac{\pi r^4 t g h \rho}{8VL} \qquad (3.69)$$

对于同一黏度计,$\pi g h r^4 / 8VL$ 是常数。由于所配置的溶液为稀溶液,其密度 ρ_1 与纯溶剂的密度 ρ_0 接近,所以

$$\eta_r = \frac{\rho_1 t_1}{\rho_0 t_0} \approx \frac{t_1}{t_0} \qquad (3.70)$$

也就是说,利用乌氏黏度计只需记录稀溶液和纯溶剂流经 a 线及 b 线的时间 t,即可获得 η_{sp} 和 η_r 的数值,然后通过作图法,利用 Huggins 公式(或 Kraemer 公式)得到 $[\eta]$,进而利用 Mark – Houwink 方程计算 M_η。

3.5.3　体积排除色谱法

体积排除色谱(Size Exclusion Chromatography,SEC)早期也被称为凝胶渗透色谱(Gel Permeation Chromatography,GPC),是目前实验室中最常用的一种测试聚合物分子量的方法。它既可以测试数均分子量,也可以测试重均分子量,还能给出分子量分布。

体积排除色谱法的基本原理至今仍存在争议,目前主流的观点认为是体积排除理

论。该理论认为,体积排除色谱对多分散高分子的分离主要依据尺寸不同的分子在色谱柱多孔填料中所走过的路程不同,造成流出色谱柱的时间存在差异,进而达到分离的目的。

在色谱柱中装填有多孔填料,如玻璃微珠、交联聚苯乙烯微球和硅胶微球等(目前使用最广泛的是交联聚苯乙烯微球)。微球尺寸只有几十微米,每个微球内部布满了孔径不一的通孔。此时,色谱柱体积由 3 部分组成:填料的骨架体积(V_g),填料颗粒之间的体积(V_0)和多孔填料内部孔洞的体积(V_i),其中 V_0 比孔径最大的 V_i 还要大很多。测试时,高分子稀溶液试样从色谱柱的上方加入,然后用溶剂作为流动相连续淋洗。当流动相携带分子量不同的高分子进入色谱柱后,由于溶剂分子的体积很小,可以进入色谱柱中所有的孔洞,所以淋出体积 $V_e = V_0 + V_i$。高分子的淋出情况与小分子不同。如果高分子的尺寸比多孔填料中最大的孔洞还大,那么它们无法进入填料孔洞内部,只能从填料之间的间隙中穿过,所以淋出体积 $V_e = V_0$。如果高分子的尺寸比多孔填料中最小的孔洞还小,那么它们除了从填料之间的间隙穿过外,还可以穿过填料内部所有的孔洞,因此淋出体积 $V_e = V_0 + V_i$。对于大多数高分子来说,它们的体积往往比填料中最大的孔洞小,比最小的孔洞大;因此,只能穿过部分孔洞,所以 $V_0 < V_e < V_0 + V_i$。显然,高分子尺寸越小,在填料柱中走过的路程越长,越晚被淋洗出来,淋出体积 V_e 越大(图 3.19)。由上述分离原理可以看出,淋出体积仅仅由高分子的尺寸和填料孔洞尺寸所决定,因此在体积排除色谱中,高分子的分离完全由体积排除效应所致。

通常,可以用 $(\langle h^2 \rangle)^{3/2}$ 代表溶液中高分子的流体力学体积,结合 Flory 特性黏度理论式(3.70)和 Mark—Houwink 方程式(3.65)可以推导出式(3.71)。分子量越大,分子在溶液中的流体力学体积越大。流体力学尺寸可以作为分子尺寸的度量,因此高分子的尺寸与其分子量正相关。

Flory 特性黏度理论:
$$[\eta] \propto \frac{(\langle h^2 \rangle)^{\frac{3}{2}}}{M} \tag{3.71}$$

$$(\langle h^2 \rangle)^{\frac{3}{2}} \propto M^{\alpha+1} (0.5 < \alpha < 1) \tag{3.72}$$

利用体积排除色谱对聚合物试样的分子量进行测量,所得谱图通常如图 3.20 所示。即使采用单分散或接近单分散的试样测试,淋出体积 V_e 也不是单一峰线,而是存在一个分布,这种现象称为色谱柱的扩展效应,与填料颗粒的结构、堆积密度及仪器的构造有关。对于宽分布的聚合物试样,扩展效应影响不大,可以忽略;但是对于窄分布的试样,扩展效应影响显著,需要给予修正。图 3.20 中,横坐标对应的是淋出体积 V_e,纵坐标为淋出液与纯溶剂的折射率差值(Δn)。在高分子稀溶液中,Δn 与溶液浓度成正比,可以用来表示淋出液中各级分的含量。从原理介绍中可知,V_e 与分子尺寸相关,可以代表分子量,但淋出体积 V_e 与分子量 M 的关系是什么呢?换句话说,如何将淋出体积 V_e 转化成分子量 M,以建立真正意义的分子量分布曲线呢?这就需要作出"校正曲线"。

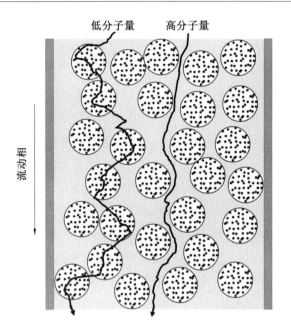

图 3.19　不同分子量的聚合物在体积排除色谱中的流动路线

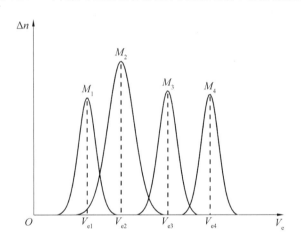

图 3.20　不同分子量聚合物的体积排除色谱图

在实验室中,作校正曲线的方法是用一组已知分子量的单分散或接近单分散的聚合物标准样品(如阴离子活性聚合的聚苯乙烯),在体积排除色谱上测出其淋出体积 V_e,然后以分子量的对数值 $\lg M$ 为纵坐标对 V_e 作图(图 3.21)。实验表明,在一定范围内淋出体积 V_e 与分子量 M 呈线性关系,满足式(3.72)。其中,A 和 B 是与色谱柱相关的参数,可以通过实验测定。利用该公式,可以很容易地将 V_e 转化为 M:

$$\lg M = A - BV_e \tag{3.73}$$

图 3.21 中,当淋出体积 V_e 达到 V_0 时,曲线直线上翘,几乎与纵轴平行。对于分子量更大的高分子,淋出体积恒为 V_0。根据体积排除色谱的测试原理,当 $V_e = V_0$ 时,所对应

的分子量是仪器测试上限。分子量大于此值,无论分子的尺寸如何,只能从填料之间的间隙通过,对应的淋出体积总是 V_0。当分子尺寸过小时,淋出体积 V_e 接近 V_0+V_i。即使分子量变化很大,对应的淋出体积变化也很小。此时,淋出体积 V_e 的变化对分子量的变化不敏感,影响了测试的准确度。

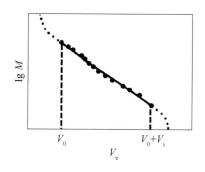

图 3.21　体积排除色谱法中的校正曲线

严格意义上讲,用体积排除色谱法测试某种聚合物的分子量,须选用这种聚合物的标准试样来进行校正,因此每测试一种聚合物的分子量就应校正一次,这造成了极大的工作量。更棘手的是,对于一些新合成的高分子,根本没有标样可以进行校正。那么是否可以建立一种普适方法,可对所有聚合物分子量和淋出体积进行校正呢? 根据 Flory 特性黏度理论式(3.70),$[\eta]M$ 应该具有流体力学体积的量纲,代表溶液中高分子的流体力学体积。对于不同的聚合物试样,如果以 $\lg [\eta]M$ 对 V_e 作图,得到的校正曲线几乎重合,这条曲线被称为普适校正曲线(图 3.22)。

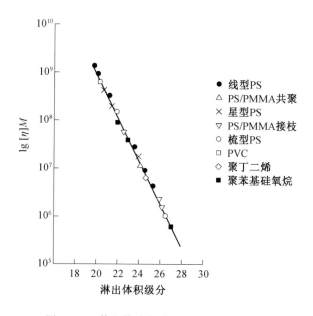

图 3.22　体积排除色谱法中的普适校正曲线

在普适校正曲线中,只要两种聚合物的分子量与特性黏度的乘积相同,则二者之间的流体力学体积一致,即

$$[\eta]_1 M_1 = [\eta]_2 M_2 \tag{3.74}$$

结合 Mark – Houwink 方程式(3.65),可得

$$K_1 M_1^{\alpha_1+1} = K_2 M_2^{\alpha_2+1} \tag{3.75}$$

$$\lg M_2 = \frac{\alpha_1+1}{\alpha_2+1} \lg M_1 + \frac{\alpha_1+1}{\alpha_2+1} \lg \frac{K_1}{K_2} \tag{3.76}$$

根据式(3.74),只需要知道标样的 M_1、K_1 和 α_1 值,以及未知试样的 K_2 和 α_2 值,就可以计算出未知试样的 M_2;而 K 和 α 的数值可以通过查表或实验方法确定。体积排除色谱法除了给出分子量分布外,对数均分子量 M_n、重均分子量 M_w 和黏均分子量 M_η 都可以测试。在体积排除色谱曲线上,相等的淋出体积间隔处读出谱线与基线的高度为 H_i,此高度与聚合物的浓度成正比,在此区间内淋洗出聚合物的质量分数为

$$w_i(V_e) = \frac{H_i}{\sum_i H_i} \tag{3.77}$$

据此,根据三种分子量的定义式可以导出重均分子量 M_w、数均分子量 M_n、黏均分子量 M_η 和特性黏度 $[\eta]$ 的计算公式(式(3.78) ~ (3.81))。虽然体积排除色谱法可以同时测定聚合物的三种常见分子量并给出分子量分布的信息,但是与膜渗透压法和光散射法等绝对法不同,它是一种相对法,必须借助其他方法进行辅助才能完成测试。因此,一些有条件的实验室常采用体积排除色谱法与光散射法联用的方法来完成分子量测试。

$$M_w = \sum_i M_i \frac{H_i}{\sum_i H_i} = \frac{\sum_i M_i H_i}{\sum_i H_i} \tag{3.78}$$

$$M_n = \frac{1}{\sum_i \dfrac{H_i}{M_i \sum_i H_i}} = \frac{\sum_i H_i}{\sum_i \dfrac{H_i}{M_i}} \tag{3.79}$$

$$M_\eta = \left[\sum_i M_i^\alpha \times \frac{H_i}{\sum_i H_i} \right]^{\frac{1}{\alpha}} = \left[\frac{\sum_i M_i^\alpha H_i}{\sum_i H_i} \right]^{\frac{1}{\alpha}} \tag{3.80}$$

$$[\eta] = K \sum_i M_i^\alpha \times \frac{H_i}{\sum_i H_i} = \frac{K \sum_i M_i^\alpha H_i}{\sum_i H_i} \tag{3.81}$$

3.5.4 光散射法

光散射法是一种测试聚合物重均分子量 M_w 的绝对法,该方法不仅可以直接测定

M_w,还可以测试第二维利系数 A_2 和部分高分子的均方回转半径 $\langle R_g^2 \rangle$,随着光散射仪在实验室的普及,获得了越来越广泛的应用。

当一束光通过某种介质(如空气和溶液等)时,除了沿着入射方向透过介质外,还可以向各个方向散射,因此借助专业设备可以在任一方向观测到光信号,这种光信号就是散射光(图 3.23)。散射光形成的基本原理非常复杂,对其原理的简单解释为:光波的电场振动频率非常高(约 10^{15} s^{-1}),原子核的质量很大,无法跟随电场振动,这样被迫振动的电子就成为二次波源,向各个方向发射电磁波,从而形成散射光。由此可见,散射光是二次发射光波。散射光方向与入射光方向的夹角称为散射角 θ。散射光的强度 I 与波幅 A 的平方成正比($I \propto A^2$),介质的散射光强应该是各个散射质点散射光光强的加和。

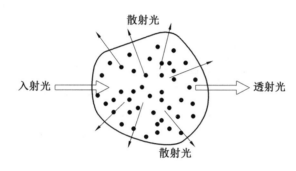

图 3.23　散射光的形成

要了解光散射法测试聚合物分子量的原理,必须先理解高分子溶液中光的干涉现象。前面提到,散射光的强度 I 与波幅 A 的平方成正比,如果是单束光,这个波幅就是单束光的波幅;如果是两束或者多束光,它们相遇就会发生干涉造成波的叠加,叠加后的波幅才是 $I \propto A^2$ 中的波幅。在高分子溶液中,干涉是不可避免的,通常分为外干涉和内干涉两种情况。外干涉是指从溶液中某一高分子链所发出的散射光与另一分子链发出的散射光之间的干涉。外干涉的研究非常困难,在实验中,如果溶液足够稀,分子链之间的距离足够远,则外干涉的影响可以忽略。因此,利用光散射法测试聚合物分子量或研究溶液的性质时,应该尽量避免使用半稀溶液或浓溶液。与外干涉相对应,内干涉是指从高分子链中的某一部分发出的散射光与同一分子链的其他部分发出的散射光相互干涉的现象。对于内干涉,根据待测样品的尺寸,可以分两种情况进行处理。

1.小粒子的测试

当溶质分子尺寸远小于入射光波长 λ(一般小于 λ 的 $1/20$)时,可以认为溶质分子各个部分发出的散射光是不相干的,把这样的溶质分子称为"小粒子",如蛋白质、糖类分子以及分子量小于 10^5 的高分子。此时,光强可以认为是各束散射光强度的加和。

这里定义一个重要的参数:瑞利因子 R_θ。它是指单位散射体积所产生的光强与入射光强之比乘观测距离的平方,量纲为 cm^{-1}:

$$R_\theta = r^2 \frac{I_\theta}{I_0} \tag{3.82}$$

式中，r 是观测距离，即散射质点与观测点之间的距离，在光散射仪实测中，为了保持观测距离不变，检测光强度的传感器围绕散射池做圆周运动（图 3.24）；I_0 是入射光强；I_θ 是散射角为 θ、离开散射质点距离为 r 处每毫升散射体积内溶液与纯溶剂的散射光强之差，散射体积是指能被入射光照射到而同时又能被检测器检测到的体积。对于一台光散射仪，r 和 I_0 都是固定值，因此 r^2/I_0 的数值可以通过 R_θ 已经被精确测定的高分子进行标定。

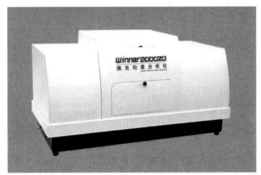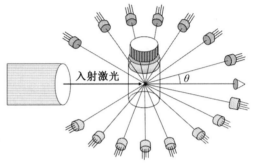

图 3.24   光散射仪及传感器工作原理示意图

先从简单的情况入手，当入射光为垂直偏振光时（入射光的偏振方向垂直于测量平面），小粒子所产生的散射光强度与散射角无关，单位体积溶液中溶质的散射光强 I_θ 可以用下式表达：

$$I_\theta = \frac{4\pi^2}{\lambda^4} \cdot n^2 \cdot \left(\frac{\partial n}{\partial c}\right)^2 \cdot \frac{kTcI_0}{\partial \Pi / \partial c} \tag{3.83}$$

式中，λ 为入射光在真空中的波长；n 为溶液的折光指数，对于稀溶液可以近似认为是溶剂的折光指数；c 为溶液浓度，$\mathrm{g/cm^3}$；$\dfrac{\partial n}{\partial c}$ 是溶液折光指数随浓度的增量；$\dfrac{\partial \Pi}{\partial c}$ 是溶液的渗透压随浓度的增量。结合稀溶液中渗透压与浓度的关系式 $\Pi = RT(c/M + A_2 c^2)$ 可得

$$\frac{\partial \Pi}{\partial c} = RT\left(\frac{1}{M} + 2A_2 c\right) = N_A kT\left(\frac{1}{M} + 2A_2 c\right) \tag{3.84}$$

将式（3.84）代入式（3.83）中，可得

$$I_\theta = \frac{4\pi^2}{N_A \lambda^4} \cdot n^2 \cdot \left(\frac{\partial n}{\partial c}\right)^2 \cdot \frac{cI_0}{\dfrac{1}{M} + 2A_2 c} \tag{3.85}$$

式中，λ、n 和 c 等参数都是常数，可以进行合并，令 $K = \dfrac{4\pi^2}{N_A \lambda^4} \cdot n^2 \cdot \left(\dfrac{\partial n}{\partial c}\right)^2$，将式（3.85）代入式（3.82）中，可得

$$R_\theta = \frac{Kc}{\dfrac{1}{M} + 2A_2 c} \tag{3.86}$$

式(3.86)为入射光是垂直偏振光情况下,重均分子量 M_w 和第二维利系数 A_2 的计算公式。如果入射光是非偏振光,则在各个方向的振动都有,散射光强会随着散射角 θ 的变化而改变,此时要对式(3.86)进行修正:

$$R_\theta = \frac{Kc}{\dfrac{1}{M} + 2A_2 c} \cdot \frac{1 + \cos^2\theta}{2} \tag{3.87}$$

散射光强的角分布如图 3.25 所示,可以看到无内干涉时,散射光按入射光方向呈轴对称分布。当散射角 $\theta = 90°$ 时,受杂散光的干扰最小,通常测定 90° 时的瑞利因子(R_{90})来计算小粒子的分子量,式(3.86)可以写为

$$\frac{Kc}{2R_{90}} = \frac{1}{M} + 2A_2 c \tag{3.88}$$

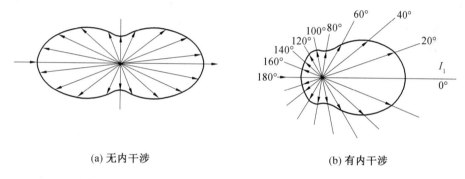

(a) 无内干涉　　　　　　　　　　　　(b) 有内干涉

图 3.25　小粒子与大粒子的散射光强与散射角的关系示意图

测试时,配置不同浓度的高分子溶液,以 Kc/R_{90} 对 c 作图,可以得到溶质的分子量(截距的倒数)和第二维利系数 A_2(斜率的 1/2)。对于分子量较小的高分子,利用光散射法只能得到分子量和第二维利系数 A_2,无法得到均方回转半径的信息。

2.大粒子的测试

对于分子量在 $10^5 \sim 10^7$ 的高分子,粒子尺寸大于光波长 λ 的 1/20,此时必须考虑散射光的内干涉效应。如图 3.26 所示,同一高分子链的两个散射中心 A 和 B 发出的散射光之间有光程差 $\Delta AB = AB(1 - \cos\theta)$,光程差导致了相位差的产生,光波的叠加波幅相对于没有相位差时要小,散射光强减弱,减弱程度随着光程差的增加而增加。通常,θ 越大散射光强越弱,当 $\theta = 180°$ 时,内干涉效应最大(图 3.25)。以 90° 为分界线,无内干涉的小粒子体系的前向散射光强($\theta < 90°$)和后向散射光强($\theta > 90°$)对称,而大粒子体系的内干涉使前向和后向散射光强不对称,且 $I_\theta > I_{180°-\theta}$($\theta < 90°$)。

内干涉效应所造成的散射光强不对称的现象可以通过散射因子 $P(\theta)$ 修正:

$$P(\theta) = 1 - \frac{16\pi^2}{3} \cdot \frac{\langle R_g^2 \rangle}{\lambda'^2} \cdot \sin^2\frac{\theta}{2} + \cdots \tag{3.89}$$

式中,$\lambda' = \lambda/n$,为入射光在溶液中的波长;$P(\theta) \leqslant 1$,用其修正小粒子的散射公式(3.87)

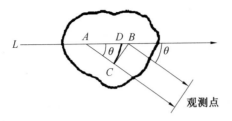

图 3.26　大粒子散射光的相位差示意图

后，可得大粒子的散射公式：

$$\frac{Kc}{R_\theta} \cdot \frac{1+\cos^2\theta}{2} = \frac{1}{M} \cdot \frac{1}{P(\theta)} + 2A_2c \tag{3.90}$$

取 $P(\theta)$ 的前两项，用式（3.91）对式（3.90）进行级数展开可得式（3.92）：

$$(1-x)^{-1} = 1 + x + x^2 + \cdots \tag{3.91}$$

$$\frac{Kc}{R_\theta} \cdot \frac{1+\cos^2\theta}{2} = \frac{1}{M} \cdot \left(1 + \frac{16\pi^2}{3} \cdot \frac{\langle R_g^2 \rangle}{\lambda'^2} \cdot \sin^2\frac{\theta}{2} + \cdots\right) + 2A_2c \tag{3.92}$$

由于光散射仪设计上的限制，一些对 R_θ 有干扰的因素不能完全消除，导致散射角的变化，从而引起散射体积的改变。用直线形狭缝做光栏来收集散射光的仪器，其散射体积与 $\sin\theta$ 成反比，瑞利因子需要乘 $\sin\theta$ 进行修正，因此式（3.92）被进一步修正为

$$\frac{Kc}{R_\theta} \cdot \frac{1+\cos^2\theta}{2\sin\theta} = \frac{1}{M} \cdot \left(1 + \frac{16\pi^2}{3} \cdot \frac{\langle R_g^2 \rangle}{\lambda'^2} \cdot \sin^2\frac{\theta}{2} + \cdots\right) + 2A_2c \tag{3.93}$$

式（3.93）即光散射法测试聚合物分子量的基本公式。这个公式非常复杂，含有散射角 θ 和浓度 c 两个变量。利用该式进行求解时，需要进行数学处理：当 $\theta \to 0°$，$\sin\theta \to 0$，等式左边无限大，用 Y 替代；等式右边括号内的第二项趋向于 0，因此式（3.93）可以简化为

$$Y_{\theta \to 0} = \frac{1}{M} + 2A_2c \tag{3.94}$$

如果浓度 $c \to 0$，则式（3.93）可以简化为

$$Y_{c \to 0} = \frac{1}{M} \cdot \left(1 + \frac{16\pi^2}{3} \cdot \frac{\langle R_g^2 \rangle}{\lambda'^2} \cdot \sin^2\frac{\theta}{2} + \cdots\right) \tag{3.95}$$

如果浓度 $c \to 0$ 且 $\theta \to 0°$，则

$$Y_{\theta \to 0°, c \to 0} = \frac{1}{M} \tag{3.96}$$

对于式（3.94）和式（3.95），可以用四步作图法求得重均分子量 M_w、第二维利系数 A_2 和均方回转半径 $\langle R_g^2 \rangle$ 三个参数。具体做法如下：

（1）在散射角 θ 已知的情况下，配置一系列不同浓度 c 的溶液对 Y 作图，可以得到一条直线；然后，改变散射角 θ，可以得到一组不同 θ 值的直线。将每条线外推到 $c \to 0$，将得到一组截距，它们是散射角 θ 的函数，符合式（3.95）给出的关系（图 3.27(a)）。

（2）以得到的这组 $Y_{c \to 0}$ 的数据对 $\sin^2(\theta/2)$ 作图，根据式（3.95），外推到 $\theta=0$ 时，直线

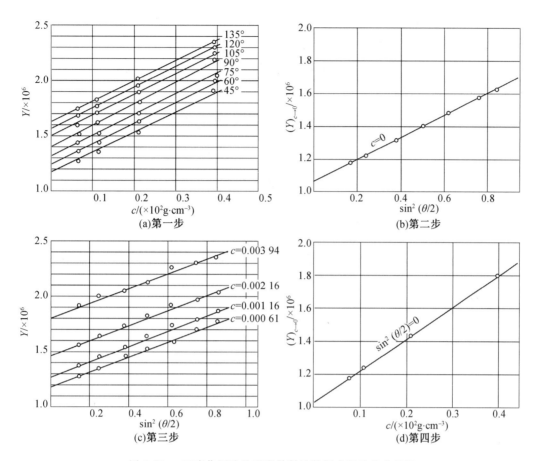

图 3.27　四步作图法处理光散射法数据求解重均分子量

的斜率为 $\dfrac{16\pi^2}{3M}\cdot\dfrac{\langle R_g^2\rangle}{\lambda'^2}$，其中 $1/M$ 可以通过直线的截距获得，由此即可求出均方回转半径 $\langle R_g^2\rangle$（图 3.27(b)）。

（3）在已知的 c 值下，以 Y 对 $\sin^2(\theta/2)$ 作图，以 c 不同的一组直线外推得到 $Y_{\theta\to0}$ 的一组数据（图 3.27(c)）。

（4）再以该数据对浓度 c 作图，得到一条直线，根据式（3.94）可知其斜率为 $2A_2$，截距为 $1/M$（图 3.27(d)）。

四步作图法非常复杂，为此 Zimm 提出了一种新的作图法来解决这个问题，在 Zimm 作图法中，以 Y 作为纵坐标，$\sin^2(\theta/2)+qc$ 为横坐标，q 是任意常数，目的是使实验点散开、图形展开成清晰的格子，q 的取值对结果没有影响。根据式（3.94）和式（3.95），每一个散射角 θ 和浓度 c 下都对应着一个实验点，把这些实验点全部画在图 3.28 中的坐标系内，可以得到同一 θ 值下不同 c 值试样的连线，向 $c=0$ 处外推可得到一组同横坐标为 $\sin^2(\theta/2)$ 的直线相交的交点，这组交点即为 $c\to0$ 的情况下不同 θ 值时的 $Y_{c\to0}$ 值。再把这组点连接并向 $\theta\to0$ 外推，过程等同于四步法中图 3.27(a) 和图 3.27(b) 的处理过程。

图 3.28 中，斜率较小的一组直线是在固定的 c 值下，θ 值不同试样的 Y 值连线，它们分别向 $\theta=0$ 外推得到一组同横坐标为 qc 的直线相交的交点，再把这组交点向 $c=0$ 外推。该过程与图 3.27(c) 和图 3.27(d) 的处理方法类似，不过这一外推直线的斜率是 $2qA_2$ 而不是 $2A_2$。两条外推线在纵轴有同一截距，对应数值即重均分子量 $1/M_w$。

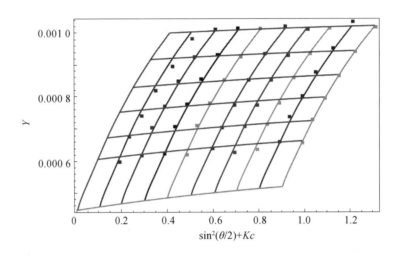

$$\sin^2(\theta/2)+Kc$$

图 3.28　光散射数据的 Zimm 图

3.6　高分子的相分离

3.6.1　组成与溶解的关系

已知溶质和溶剂能够互溶的判据是 $\Delta G_m < 0$，然而这只是互溶的必要条件，并不是充分条件，因为二者能否相溶还与溶液的组成及温度等因素有关。把氢氧化钠加入水中，随着加入量的增加，溶液会逐渐达到饱和，继续加入将有沉淀析出。在饱和状态下，如果温度降低，均一的氢氧化钠溶液中也会有沉淀析出。与小分子类似，高分子溶液同样是由溶质和溶剂组成的二元体系，根据组成与温度的不同，溶剂对溶质的溶解能力会有差异。也就是说，这个二元体系并不总是均匀混合成一相。如果溶质和溶剂不相溶，就会出现相分离。相分离并不是溶质和溶剂彻底分开，而是分成两相。对于聚合物溶质，其中一相是"稀相"，另一相是"浓相"。本节课将从 ΔG_m 这一判据入手学习溶解的充分条件。

如果体系的总体积为 V，格子的摩尔体积为 $V_{m,u}$，则 $\varphi_1 = \dfrac{n_1 V_{m,u}}{V}$ 和 $\varphi_2 = \dfrac{n_2 x V_{m,u}}{V}$。将这两个式子代入 ΔG_m 表达式(3.28)中，得到

$$\Delta G_m = \frac{RTV}{V_{m,u}}\left[(1-\varphi_2)\ln(1-\varphi_2) + \frac{\varphi_2}{x}\ln\varphi_2 + \chi\varphi_2(1-\varphi_2)\right] \quad (3.97)$$

以溶质的体积分数 φ_2 代表溶液组成作为横坐标，自由能的变化 ΔG_m 为纵坐标作图，

会得到 $\Delta G_m - \varphi_2$ 曲线,曲线的形状与 x 和 χ 相关,通常会出现两种情况:第一种情况是一条在整个区间内($0 \leqslant \varphi_2 \leqslant 1$)下凹的曲线(图 3.29 中 a 曲线)。在这种情况下,任意组成的高分子都可以形成均一溶液,不会出现相分离,称为完全互溶。另一种情况是,$\Delta G_m - \varphi_2$ 曲线上出现两个极小值点 B' 和 B''(图 3.29 中 b 曲线)。此时,尽管溶液在整个组成范围内的 ΔG_m 都小于零,但当体积分数 φ_2 位于两个极小值之间就会出现相分离,这个不能混溶的区间称为"混溶间隙",混溶间隙之外的区间高分子才可以溶解。

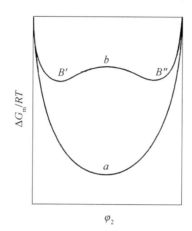

图 3.29　聚合物溶液 $\Delta G_m - \varphi_2$ 曲线

a— 整个区间内均下凹的曲线;b— 存在混溶间隙的下凹曲线

对于不同组成的高分子溶液,为什么会出现上面两种情况呢?从自由能角度分析,聚合物与溶剂能否形成均一溶液取决于在该组成下混合自由能 ΔG_m 是否高于相分离自由能 $G_{\alpha\beta}$。如果组成为 φ_2 的体系处于两相状态,高分子在 α 相(稀相)中的体积分数为 φ_α,β 相(浓相)中的体积分数为 φ_β,那么在两相中的相对含量可根据杠杆原理确定(图 3.30)。令组成为 φ_α 的一相的体积分数为 f_α,组成为 φ_β 的一相的体积分数为 $f_\beta = 1 - f_\alpha$,则体系中高分子的总体积分数为两相贡献之和:

$$\varphi_2 = f_\alpha \varphi_\alpha + f_\beta \varphi_\beta \tag{3.98}$$

因为 $f_\alpha + f_\beta = 1$,所以式(3.98)可以写为

$$f_\alpha = \frac{\varphi_\beta - \varphi_2}{\varphi_\beta - \varphi_\alpha} \text{ 和 } f_\beta = 1 - f_\alpha = \frac{\varphi_2 - \varphi_\alpha}{\varphi_\beta - \varphi_\alpha} \tag{3.99}$$

相分离自由能是两相自由能 G_α 和 G_β 的加权平均值,忽略两相间的界面自由能(表面张力),可以得到相分离自由能的表达式为

$$G_{\alpha\beta} = f_\alpha G_\alpha + f_\beta G_\beta = \frac{(\varphi_\beta - \varphi_2) G_\alpha + (\varphi_2 - \varphi_\alpha) G_\beta}{\varphi_\beta - \varphi_\alpha} \tag{3.100}$$

从式(3.100)中可以看到,相分离自由能与组成 φ_2 之间呈线性关系。因此,只需连接 φ_α 和 φ_β 在抛物线上所对应的自由能 G_α 和 G_β 就会得到对应相分离自由能的直线。比较

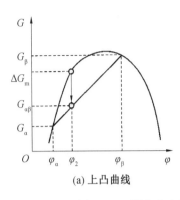
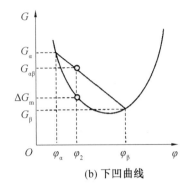

(a) 上凸曲线　　　　　　　　　(b) 下凹曲线

图 3.30　混合自由能与相分离自由能的关系

相分离自由能 $G_{\alpha\beta}$ 和混合自由能 ΔG_m 的大小,就可以判断该组成下的溶液倾向均匀混合还是相分离。如果 $G_{\alpha\beta} > \Delta G_m$,则高分子倾向于与溶剂形成稳定的均一溶液;反之,如果 $G_{\alpha\beta} < \Delta G_m$,此时溶液不稳定,高分子倾向于沉淀析出。从图 3.30 中可以看到 $\Delta G_m - \varphi_2$ 曲线的局部曲率决定了局部稳定性,如果曲线上凸,则体系会自发地分离为两相来降低自由能。反之,如果曲线下凹,则体系形成均一溶液。因为图 3.29(b) 中的混合自由能与组成关系的凹凸性是局部的,所以在整个组成范围来看就会出现混溶间隙。

除 $\Delta G_m - \varphi_2$ 曲线的凹凸性变化外,还可以根据混合自由能 ΔG_m 对组成的二阶导数来直接判断溶解与相分离。如果 $\dfrac{\partial^2 \Delta G_m}{\partial \varphi_2^2} < 0$,则体系局部不稳定,倾向于分相;反之,如果 $\dfrac{\partial^2 \Delta G_m}{\partial \varphi_2^2} > 0$,则体系局部稳定,倾向于均匀混合。

图 3.29 中的 a 曲线在整个组成区间都是下凹的,溶质高分子和溶剂以任何比例混合均能形成稳定溶液。高分子的无热溶剂的 $\Delta G_m - \varphi_2$ 曲线属于这种情况。根据上面的判据,通过混合自由能 ΔG_m 对组成 φ_2 的二阶导数来判断无热溶液的稳定性。

1.无热溶液

无热溶液中 $\Delta H_m = 0$。在混合过程中如果只有熵的贡献,没有热的贡献,这种混合称为理想混合,此时式(3.97)中的右边括号内第三项为零,因此

$$\frac{\partial \Delta G_m}{\partial \varphi_2} = -T \frac{\partial \Delta S_m}{\partial \varphi_2} = \frac{RTV}{V_{m,u}} \left[\frac{1}{x}(1 + \ln \varphi_2) - \ln(1 - \varphi_2) - 1 \right] \qquad (3.101)$$

注意,此处纯熵贡献在组成的两个极限处发散($\varphi_2 \to 1$, $\dfrac{\partial \Delta G_m}{\partial \varphi_2} \to \infty$ 和 $\varphi_2 \to 0$, $\dfrac{\partial \Delta G_m}{\partial \varphi_2} \to -\infty$),这种发散意味着任一组分在含量极低时总是可溶的,尽管相互作用能量非常不利。对混合自由能二次微分可确定理想混合物在混合态的稳定性:

$$\frac{\partial^2 \Delta G_m}{\partial \varphi_2^2} = -T \frac{\partial^2 \Delta S_m}{\partial \varphi_2^2} = \frac{RTV}{V_{m,u}} \left(\frac{1}{1-\varphi_2} + \frac{1}{x\varphi_2} \right) \qquad (3.102)$$

不难判断式(3.102)总是大于零的,因为混合过程中的熵变 ΔS_m 总是有利于混合的,而理想混合过程中的自由能中没有能量的贡献,所以无热溶液在所有组成下都是稳定的。

2.熵变为零的溶液

再来看另一个极端的情况:混合过程中熵变 $\Delta S_m = 0$ 的溶液。此时,熵对混合自由能的贡献消失了,能量起唯一作用。式(3.97)中括号内的前两项为零,对混合自由能 ΔG_m 二次微分后得到:

$$\frac{\partial^2 \Delta G_m}{\partial \varphi_2^2} = \frac{\partial^2 \Delta H_m}{\partial \varphi_2^2} = -\frac{2RTV\chi}{V_{m,u}} \tag{3.103}$$

从式(3.103)中可以看到二阶导数的正负与 Huggins 参数 χ 相关,根据 χ 的定义式(3.26)可知:如果是吸热反应 $\chi > 0$,则 $\frac{\partial^2 \Delta G_m}{\partial \varphi_2^2} < 0$;反之,如果是放热反应 $\chi < 0$,则 $\frac{\partial^2 \Delta G_m}{\partial \varphi_2^2} > 0$。

从式(3.26)可以看到 χ 是一个非常难确定的参数。Flory 等人给出了 χ 的一个经验公式:

$$\chi(T) \cong A + \frac{B}{T} \tag{3.104}$$

式中,与温度无关的 A 项为 χ 的熵部分;B/T 为焓部分。

将式(3.103)和式(3.104)联立,可以得到式(3.105):

$$\frac{\partial^2 \Delta G_m}{\partial \varphi_2^2} = \frac{\partial^2 \Delta H_m}{\partial \varphi_2^2} = -\frac{2RVB}{V_{m,u}} \tag{3.105}$$

这里因为熵变为零,所以 $A = 0$。通过 B 的正负也可以判断曲线的形状以及聚合物在此组成区间的溶解情况。一些聚合物共混体系中 A 和 B 的数值列于表3.5中。同位素共混物(如氘化聚苯乙烯与普通聚苯乙烯 dPS/PS)的 χ 值通常为较小的正值,所以只有在很大摩尔分数时才发生相分离。PS/PMMA 在表中有四组数据,反映不同氘代情况的差异。PS/PMMA 是比较典型的聚合物对,其 χ 值为 0.01 量级的正值,在较低摩尔分数时成为不相容共混物。PVME/PS、dPS/PPO 和 dPS/TMPC 等体系的 χ 值在很宽的温度范围中都为较大的负值(-0.01 量级),但由于 $A > 0$ 而 $B < 0$,故此类共混物在加热时会发生分相。PEO/dPMMA、PP/hhPP 和 PIB/dhhPP 等体系的 $\chi \cong 0$,代表了组分间相互作用极弱的情况。

表 3.5　一些聚合物共混体系中 A 和 B 的数值

聚合物共混体系	A	B/K	T 的范围 /℃
dPS/PS	$-0.000\ 17$	0.117	$150 \sim 220$
dPS/PMMA	0.017 4	2.39	$120 \sim 180$
PS/dPMMA	0.018 0	1.96	$170 \sim 210$
PS/PMMA	0.012 9	1.96	$100 \sim 200$
dPS/dPMMA	0.015 4	1.96	$130 \sim 210$
PVME/PS	0.103	-43.0	$60 \sim 150$
dPS/PPO	0.059	-32.5	$180 \sim 330$
dPS/TMPC	0.157	-81.3	$190 \sim 250$
PEO/dPMMA	$-0.002\ 1$	—	$80 \sim 160$
PP/hhPP	$-0.003\ 64$	1.84	$30 \sim 130$
PIB/dhhPP	0.018 0	-7.74	$30 \sim 170$

注:dPS,氘化聚苯乙烯;PS,聚苯乙烯;PMMA,聚甲基丙烯酸甲酯;dPMMA,氘化聚甲基丙烯酸甲酯;PVME,聚乙烯基甲基醚;PPO,聚 2,6 - 二甲基 - 1,4 - 苯醚;TMPC,四甲基聚碳酸酯;PEO,聚氧化乙烯;PP,聚丙烯;hhPP,头 - 头键接聚丙烯;PIB,聚异丁烯;dhhPP,氘化头 - 头键接聚丙烯。

3.真实溶液

真实混合过程中,能量和熵对自由能都有贡献,溶液体系的局部稳定性由混合自由能对组成二阶导数的符号决定:

$$\frac{\partial^2 \Delta G_m}{\partial \varphi_2^2} = \frac{RTV}{V_{m,u}}\left(\frac{1}{1-\varphi_2} + \frac{1}{x\varphi_2} - 2\chi\right) \tag{3.106}$$

χ 的存在,使得真实溶液溶解过程中 $\dfrac{\partial^2 \Delta G_m}{\partial \varphi_2^2}$ 的符号既可以为正值又可以为负值。在通常温度范围内,ΔG_m 在组成的两端是下凹的,由于混合熵 ΔS_m 的发散性斜率,二阶导数为正值。而极端组成总是由熵控制(由于一阶导数发散),所以极端组成下总是处于稳定状态。然而随着温度的下降,熵项作用逐渐消失,焓项在中间组成逐渐变得重要。当温度低于某一临界温度 T_c 时,将出现一个 $\Delta G_m - \varphi_2$ 曲线上凸的组成区间(混溶间隙),使中间组成不稳定(图 3.29 中 b 曲线)。在混溶间隙内,存在不稳态和亚稳态两个区域,以自由能二阶导数为零($\dfrac{\partial^2 \Delta G_m}{\partial \varphi_2^2} = 0$)的拐点为界。在这两个区域内,高分子分相的机理是不同的,这是下一节所要介绍的主要内容。

3.6.2　相图

1.相图和临界共溶温度

对大多数高分子以混合自由能对组成作图得到的曲线类似于图 3.29 中的 b 曲线。在该曲线中出现了两个极小值 B'、B'' 和一个极大值。在极小值点上 $\dfrac{\partial \Delta G_{\mathrm{m}}}{\partial \varphi_2}=0$ 且 $\dfrac{\partial^2 \Delta G_{\mathrm{m}}}{\partial \varphi_2^2}>0$，而在极大值点上 $\dfrac{\partial \Delta G_{\mathrm{m}}}{\partial \varphi_2}=0$ 且 $\dfrac{\partial^2 \Delta G_{\mathrm{m}}}{\partial \varphi_2^2}<0$。把极小值点称为双节点（binodal），两个双节点之间为混溶间隙。事实上，混溶间隙之内还有两个拐点 S' 和 S''，这两个拐点处 $\dfrac{\partial^2 \Delta G_{\mathrm{m}}}{\partial \varphi_2^2}=0$，把这两个拐点称为旋节点。

双节点和旋节点将曲线在整个组成区间内分成 5 个部分（图 3.31）：当 $\varphi_2<B'$ 或 $\varphi_2>B''$ 时体系的 $G_{\alpha\beta}>\Delta G_{\mathrm{m}}$，此时高分子和溶剂可以混溶，高分子溶液处于稳态；当 $S'<\varphi_2<S''$ 时，体系的 $G_{\alpha\beta}<\Delta G_{\mathrm{m}}$，高分子和溶剂相分离，此时溶液处于非稳态。把 $B'<\varphi_2<S'$ 和 $S''<\varphi_2<B''$ 的两个区间称为亚稳态区，在这个区间内的特点是高分子和溶剂之间可以互溶，但是这种互溶并不稳定，一旦出现较大扰动就会发生分相。图 3.32以砖块为例给出了稳态、亚稳态和非稳态的能量示意图。可以看到，稳态在全局的能量都是最低的；非稳态在全局的能量都是最高的；而亚稳态在局部的能量很低，但是全局来看能量并不是最低的。因此，对于亚稳态，如果发生的扰动较小，那么不会破坏该状态；一旦发生大的扰动，能量越过位垒，亚稳态就会转化为能量更低的稳态。在不同的温度下作出一组曲线，将曲线中所有的双节点和旋节点连线，即得到双节线和旋节线。图 3.33 通过混合自由能的浓度依赖性归纳混合物的相行为，清楚地显示了稳态、亚稳态和非稳态的区间，被称为相图。

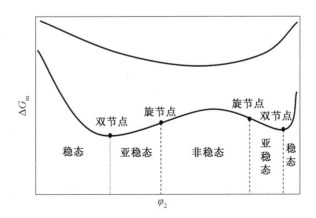

图 3.31　$\Delta G_{\mathrm{m}}-\varphi_2$ 曲线中的各种状态

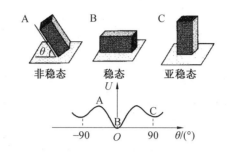

图 3.32　砖块的各种状态及所对应的能量

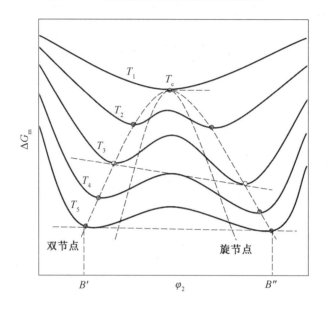

图 3.33　上临界共溶温度（UCST）型相图中的双节线与旋节线

　　双节线以外体系处于稳态，是均匀单相；旋节线以内是非稳态，体系自发分相；双节线与旋节线之间是亚稳态，局部混合自由能 ΔG_m 小于相分离自由能 $G_{\alpha\beta}$，但从全局看，混合自由能大于相分离自由能。虽然不发生自发分相，但大的扰动就会造成分相。只要体系发生相分离，其每一相的浓度便可由双节线读出。在图 3.33 中，当升高 T 时旋节点和双节点会在某一临界温度 T_c 下合并为一点，此点被称为临界共溶点，对应的温度为临界共溶温度，对应的组分比称为临界组分比。在临界共溶点，混合自由能 ΔG_m 的一、二、三阶导数均为零。注意到，图 3.33 中，随着温度升高才出现的临界共溶点 T_c，称为上临界共溶温度（UCST），它的意义在于高于此温度，溶质和溶剂能够以任意比例互溶。还有一种情况刚好相反，随着温度的降低，双节点和旋节点合并为一点，该临界共溶点所对应的温度称为下临界共溶温度（LCST），它的意义在于低于此温度，溶质和溶剂能够以任意比例互溶（图 3.34）。温敏材料聚 N 异丙基丙烯酰胺（PNIPAM）的 LCST 约为 32 ℃。还有一些特殊的体系同时具有 UCST 和 LCST，如聚苯乙烯－环己烷体系，此时能够形成稳定均相溶液的区间应在 UCST 和 LCST 之间(图 3.35)。

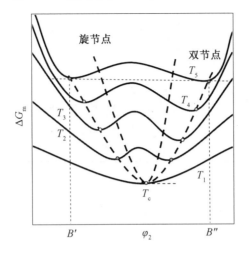

图 3.34　下临界共溶温度(LCST)型相图中的双节线与旋节线

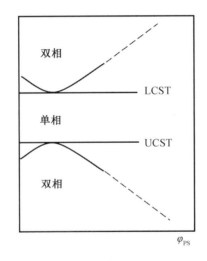

图 3.35　聚苯乙烯－环己烷体系的相图

除浓度外,温度也是真实混合的重要影响因素,如聚乙烯基吡咯烷酮在常温条件不易溶解在水中,而升温到 95 ℃ 以上很快就可以形成均一溶液。

旋节点的 ΔG_{m} 对 φ_2 一阶导数为零。因此

$$\frac{\partial \Delta G_{\mathrm{m}}}{\partial \varphi_2}=\frac{RTV}{V_{\mathrm{m,u}}}\left[\frac{1}{x}(1+\ln\varphi_2)-\ln(1-\varphi_2)-1+\chi-2\chi\varphi_2\right]=0 \tag{3.107}$$

$$\chi=\frac{x[\ln(1-\varphi_2)-1]-(1+\ln\varphi_2)}{x(1-2\varphi_2)} \tag{3.108}$$

结合式(3.104),可得到温度与 φ_2 之间的关系:

$$T=\frac{Bx(1-2\varphi_2)}{x[\ln(1-\varphi_2)+1]-(1+\ln\varphi_2)-Ax(1-2\varphi_2)} \tag{3.109}$$

根据式(3.109)可将图 3.33 和图 3.34 中的曲线转化成以温度 T 为纵坐标,组成 φ_2 为横坐标的曲线。图 3.36 为聚异戊二烯－二氧杂环乙烷体系中的相图。

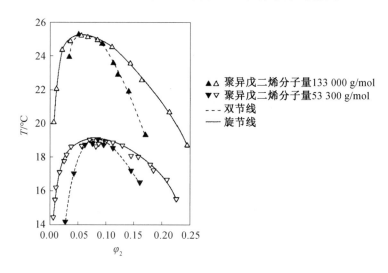

图 3.36　聚异戊二烯－二氧杂环乙烷体系中的相图

浊点法是当前绘制相图最常用的方法。当温度足够高时,UCST 型高分子在任何浓度下都可以形成均一溶液,因此以 UCST 型高分子为例分析运用浊点法绘制相图。首先配制不同浓度的聚合物溶液,并加热使之溶解形成均一溶液,然后将溶液缓慢冷却。如图3.37 所示,溶液体系将沿垂直线改变状态,当温度下降到两相共存线时开始分相。溶剂相和高分子相的折光指数不同,导致散射现象出现,体系开始变浑浊。如果此溶液放置足够长的时间,将会观察到宏观上的相分离,密度较小的一相在上,较大的一相在下。某些聚合物在相分离过程中还会结晶。通过测量一系列不同浓度高分子溶液的浊点可以得到该溶液的两相共存线,从而绘制出相图。浊点可以很容易地通过肉眼直接观察到,但更精确的方法是借助光学仪器监测不同浓度溶液的透射光和散射光强度随着温度的变化规律。在浊点附近,散射光会急剧增强,而透射光会迅速减弱。

2.相分离机理

相分离的机理可以分为旋节分解机理(不稳分相机理)和成核增长机理。混溶间隙分为非稳态和亚稳态两个区域,以自由能二阶导数为零($\frac{\partial^2 \Delta G_m}{\partial \varphi_2^2} = 0$)的拐点为界。两拐点之间混合自由能的二阶导数为负值的区域,均相混合为非稳态,极小的组成涨落都会使自由能降低,导致自发的相分离。在拐点与平衡相分界点之间,存在两个混合自由能二阶导数为正值的区域。均匀混合的自由能高于相分离态自由能,小幅度组成涨落时仍能保持混合态的局部稳定。只有在大涨落情况下才能使该体系达到热力学平衡,所以称这种状态为亚稳态。亚稳区的相分离过程为成核增长。由于两相间的表面张力,稳定相的核

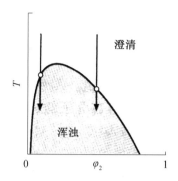

图 3.37　UCST 型高分子的浊点

必须大于某一临界尺寸才能在亚稳区中增长,必须有足够大的涨落才能制造出大于临界尺寸的相区,新相才能增长。下面详细讨论这两个机理。

(1)旋节分解机理。

如果高分子组成处于旋节点之内($S' < \varphi_2 < S''$)发生分相,分相机理为旋节分解机理。旋节线以内是高分子的非稳态区间,溶液不稳定,任何组成的微小变化都会导致体系自由能下降。在这种情况下,相分离过程在热力学上是有利的,因此分相过程将连续自发进行。在相分离初期,稀相和浓相的组成差别很小,两相之间没有明显边界。随着时间的持续,在逐渐降低的自由能驱动下,高分子会向高浓度方向(浓相)扩散,从而使两相之间组成的差别越来越大,出现明显的界面。最后,两相逐渐接近双节线所要求的连续平衡相的组成。在旋节分解机理中,由于相分离起源于溶液体系内浓度的微小涨落,而这种涨落到处都是,所以微小的分散相刚开始散布于整个溶液中,当分相进行到一定程度后,分散相连接在一起形成连续相,从溶液中析出(图 3.38(a))。

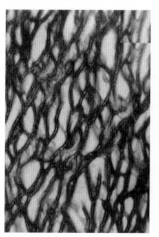

(a) 网状的旋节分解机理分相　　(b) 海岛状的成核增长机理分相

图 3.38　聚合物的相分离

（2）成核增长机理。

如果体系的组分处于亚稳态区间进行分相,此时的分相机理为成核增长机理。在亚稳态区间内,体系的混合自由能相对较低,能够维持相对稳定的均一溶液。因此在亚稳态区间内,体系不会自发地分解为两相,也不可能像旋节分解机理一样,通过浓度微小的涨落实现分相。但是,在亚稳态区间内,体系的混合自由能从全局上来看并不是最低的,溶液受到外界杂质和较大扰动时（如过冷）,可以克服热力学位垒形成若干零星的高分子"核",这就是"成核"过程。一旦成核,核中相的组成为 B'',核近邻处相的组成为 B',但更远处溶液的体积分数依然是原溶液的体积分数 φ_2。在这种情况下,溶液中的高分子会从高浓度（φ_2）区间向低浓度区间（B'）扩散,即从溶液中向"核"周边扩散,致使核的体积不断增大,这就是所谓的"增长"过程。这种增长过程会持续进行,直至原来溶液中的高分子全部耗尽为止。由于这些核都是孤立存在的,类似于"海岛",即使最后分相完成,这些"海岛"也不会连接在一起（图 3.38（b））。

课 后 习 题

1.简述线型聚合物、交联聚合物和结晶聚合物的溶解过程。

2.请根据热力学原理解释,为什么非极性高分子容易溶解在溶度参数与之接近的溶剂中。

3.简述排除体积 v 的物理意义。将分子链进行圆柱体等效后（底边直径为 d、高度为 b）,溶解在各种溶剂中高分子链段排除体积 v 的大小是多少?

4.现有两种溶剂丁酮（$\delta=9.04$）和正己烷（$\delta=7.24$）,想配制聚苯乙烯（$\delta=8.6$）的最佳溶剂,试求混合溶剂中丁酮和正己烷的体积分数之比。

5.试计算2种溶液的混合熵:（1）将1个高分子 B（链段数 $x=10^4$）溶解于 9.9×10^5 个小分子 A 中;（2）将 10^4 个小分子 B 溶解于 9.9×10^5 个小分子 A 中。

6.在 20 ℃ 下将 10^{-5} mol 的聚甲基丙烯酸甲酯（PMMA,$M_n=10^5$ g/mol,$\rho=1.20$ g/cm^3）溶于 179 g 氯仿中（$\rho=1.49$ g/cm^3）。假设体积具有加和性,且 PMMA 中每个结构单元对熵的贡献相当于一个氯仿分子,计算溶液的混合熵、混合热以及混合吉布斯自由能。已知:$\chi=0.377,R=8.314$ J/(mol·K)。

7.讨论高分子溶液在 T 高于、等于和低于 T_θ 时,χ、A_2 和 $\Delta\mu_1^E$ 的情况,以及高分子链在相应溶剂中的构象和排除体积 v。

8.在 25 ℃ 时,测定不同浓度的聚苯乙烯－甲苯溶液渗透压 Π,结果如表所示。请求出聚苯乙烯的数均分子量 M_n、第二维利系数 A_2 和 Huggins 参数 χ。已知:$\rho_{甲苯}=0.86$ g/cm^3,$\rho_{聚苯乙烯}=1.09$ g/cm^3。

$c/(\times 10^3 \ \text{g} \cdot \text{cm}^{-3})$	1.55	2.56	2.93	3.80	5.38	7.80	8.68
$\Pi/(\text{g} \cdot \text{cm}^{-2})$	0.15	0.28	0.33	0.47	0.77	1.36	1.60

9.用膜渗透压法测定聚合物的分子量,以 Π/RTc 对 c 作图,得到直线的斜率随着温度升高的变化规律是什么?

　　A.增加　　　　　B.不变　　　　　C.降低

10.用膜渗透压法测定聚合物的分子量,以 Π/RTc 对 c 作图,得到直线的截距随着温度升高的变化规律是什么?

　　A.增加　　　　　B.不变　　　　　C.降低

11.3 种具有相同分子量的轻度支化聚合物、高度支化聚合物和线型聚合物试样,在相同的条件下用体积排除色谱测得的淋出体积大小顺序是什么?

12.30 ℃ 时 PMMA－丙酮溶液的黏度参数如表所示。已知 30 ℃ 时 Mark－Houwink 方程中 $K=5.38\times10^{-5}$,$\alpha=0.72$,请计算黏均分子量 M_η 的数值。

相对黏度 η_r	$c/(\times 10^{-2} \ \text{g} \cdot \text{cm}^{-3})$
1.170	0.275
1.215	0.344
1.629	0.896
1.892	1.199

13.什么是双节点、旋节点、双节线、旋节线? 在双节点和旋节点上,混合吉布斯自由能与浓度之间的导数关系是什么样的? 如何利用相图来判断二元混合体系的相容性?

14.阐述两种相分离机理的特性及分离机理。

参 考 文 献

[1] LI M J, ZHANG H, ZHANG J H, et al. Easy preparation and characterization of highly fluorescent polymer composite microspheres from aqueous CdTe nanocrystals[J]. J. Colloid Interf. Sci., 2006, 300: 564.

[2] MA C, JIANG Y N, YANG X D, et al. Centrifugation-induced water-tunable photonic colloidal crystals with narrow diffraction bandwidth and highly sensitive detection of SCN⁻[J]. ACS Appl. Mater. Inter., 2013, 5: 1900.

[3] 刘凤岐、汤心颐. 高分子物理[M]. 2 版.北京:高等教育出版社,2004.

[4] 吴其晔,张萍,杨文君,等. 高分子物理学[M]. 北京:高等教育出版社,2011.

[5] 鲁宾斯坦,科尔比. 高分子物理[M]. 励杭泉,译. 北京:化学工业出版社,2007.

[6] RUBINSTEIN M, COLBY R H, Polymer physics[M]. Oxford: Oxford Universtiy Press, 2003.

［7］吴其晔. 高分子凝聚态物理学［M］. 北京：科学出版社，2012.

［8］吴其晔. 高分子凝聚态过程与相态转变［M］. 北京：高等教育出版社，2016.

［9］何曼君，张红东，陈维孝，等. 高分子物理［M］. 3 版. 上海：复旦大学出版社，2007.

［10］寺冈严. 高分子溶液［M］. 张广照，金帆，叶晓东，等译. 北京：科学出版社，2014.

［11］刘凤岐，汤心颐. 高分子物理［M］. 北京：高等教育出版社，1995.

［12］柯扬船，何平笙. 高分子物理教程［M］. 北京：化学工业出版社，2006.

第 4 章　　聚合物的溶液

在 Flory—Krigbaum 稀溶液理论中,高分子链以链段云的形式分散在溶液中。这种存在状态和以分子 / 离子形式均匀分散的小分子溶液是不同的。为了更清楚地描述这种状态,本书引入了扩张体积 V_e 的概念,它是指包容聚合物分子链的溶液体积。图 4.1 中,每个扩张线团中所包含的全部体积即扩张体积。

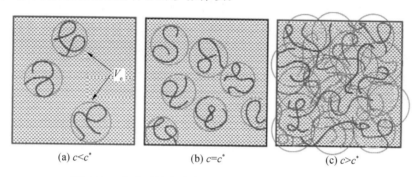

(a) $c<c^*$　　　　　　　(b) $c=c^*$　　　　　　　(c) $c>c^*$

图 4.1　　高分子溶液浓度 c 与重叠浓度 c^* 之间的关系

在高分子溶液中,常用体积分数 φ 和浓度 c 来描述组成。前者的定义是聚合物在整个溶液中的体积分数,即溶液中高分子自身占有体积与溶液总体积之比,φ 是一个无量纲的物理量。后者的定义是单位体积溶液中聚合物的质量,即聚合物总质量与溶液体积之比,c 的单位为 g/cm^3。

引入扩张体积 V_e 的概念后,又相应引入了另外两个描述组成的参数:扩张体积分数 φ^*(又称重叠体积分数)和扩张体积浓度 c^*(又称重叠浓度)。分子链自身占有体积与扩张体积 V_e 之比,为重叠体积分数 φ^*,对应的浓度为重叠浓度 c^*。通过比较 φ^* 与 φ(或 c^* 与 c)的大小,即可确定溶液的"稀"和"浓"。

图 4.1(a) 中,如果 $\varphi^*>\varphi$,每个扩张体积中只含有一条分子链,它们彼此独立,为稀溶液。随着聚合物的加入,φ 逐渐增加,当 $\varphi^*=\varphi$ 时(图 4.1(b)),扩张线团恰好充满整个溶液空间。继续加入聚合物导致 $\varphi^*<\varphi$ 时(图 4.1(c)),每个扩张体积内包含多条分子链,它们相互缠绕彼此重叠,称为"半稀溶液"。此时扩张体积内的主要成分仍是溶剂,聚合物的体积分数 φ 仍然很低,远没有达到浓溶液的标准,因此称为"半稀"。扩张线团中的平均分子链数称为重叠度(P),这个概念在讨论劣溶液时会用到。这里需要强调,重叠体积分数 φ^* 有两层含义:① 扩张体积内分子链的体积分数,这是重叠体积分数 φ^* 的定义,以后计算重叠体积分数 φ^* 均按照其定义进行求解。② 重叠体积分数 φ^* 是指与扩张体积内分子链体积分数相等时的溶液实际体积分数,即 $\varphi=\varphi^*$ 这一特殊情况。半稀溶液和

浓溶液体系中密布高分子链（$P > 1$），可以认为分子链均匀分散在溶液中，此时 Flory — Huggins 的平均场理论是适用的。对于 Flory — Krigbaum 稀溶液理论中的链段云，de Gennes 标度理论的描述要比平均场理论更准确，这一点在本章中会详细讨论。

总结而言，按照浓度的不同可以把聚合物溶液进行如下划分：当聚合物的浓度 c 小于重叠浓度 c^* 时为稀溶液。稀溶液黏度很小而且稳定，质量分数一般小于 0.1％，它们的很多物理化学性质与纯溶剂接近，常被用于理论研究（如测试分子量和热力学参数等），通常不具有实际应用价值。浓度在重叠浓度 c^* 和缠结浓度 c^{**} 之间的溶液为半稀溶液（缠结浓度 c^{**} 将在 4.3 节进行介绍），半稀溶液的扩张体积内存在多条分子链，各条分子链之间不可避免地穿插缠绕，此时溶液的物理化学性质相对于纯溶剂会发生明显变化。由此可见，区分稀溶液和半稀溶液的标准是分子链之间是否存在穿插缠绕。浓度超过缠结浓度 c^{**} 的溶液为浓溶液，c^{**} 是半稀溶液和浓溶液的分界线。相对于稀溶液，浓溶液的黏度很大，日常生活中使用的高分子溶液绝大多数都是浓溶液，如油漆、胶水以及各种纺丝液等。

研究理想链时忽略了单元间的远程作用，而这些相互作用在真实链中是存在的。如果两个单元之间产生相互作用，它们之间必须相互靠近，彼此"接触"。扩张体积内，单元相互接触次数的多少取决于一个指定单元与沿链相隔多个键的单元相遇的概率。这个概率有多大，能否保证两个单元之间产生远程作用呢？这里涉及扩张体积分数 φ^* 的另一层含义：一个结构单元与同一条分子链上其他结构单元接触的概率。

扩张体积的半径对应着高分子链的均方根回转半径 R_g。在理论研究中很难计算出 R_g 的数值，但均方根末端距 h 相对容易求得。在理想链中，R_g 与 h 之间存在 $\langle h^2 \rangle = 6\langle R_g^2 \rangle$ 的关系。2.6 节分形理论介绍了高分子链具有分形本质。分形理论研究中的重要特点是忽略系数而只关注分形维数 D。假设高分子链在 D 维空间中运动，那么 $n \sim R_g^D \approx h^D$（以下 R_g 和 h 分别为均方根回转半径和均方根末端距）。三维空间的扩张体积 $V_e \approx R_g^3 \approx h^3$。处于 D 维空间中的理想链，一个结构单元的尺寸为 l，则单元的"体积"为 l^D，整条分子链的扩张体积为 h^D。扩张体积内 n 个单元的密度为 $n/V_e \approx n/h^D$。此时，φ^* 为单元体积 l^D 与扩张体积中单元密度 n/V_e 的乘积，即

$$\varphi^* \approx l^D \frac{n}{h^D} \tag{4.1}$$

对于理想链，$h = ln^{1/2}$，代入式（4.1）得

$$\varphi^* \approx l^D \frac{n}{h^D} \approx l^D \frac{n}{(ln^{1/2})^D} \approx n^{1-\frac{D}{2}} \tag{4.2}$$

根据式（4.2），当分形维数大于 2 时，扩张体积分数 φ^* 非常低。然而这只是一个结构单元同其他结构单元相互接触的概率。一条高分子链是由 n 个结构单元组成的，这 n 个单元彼此之间都是可以接触的，那么这个概率应为

$$n\varphi^* \approx n^{2-\frac{D}{2}} \tag{4.3}$$

由式(4.3)可知,对于整条分子链,只要分形维数 D 不超过 4,那么单元与单元之间有极大的概率接触。以 $D=3$ 为例,接触的概率为 $n^{1/2}$。由于 $n \gg 1$,因此 $n^{1/2}$ 是一个巨大的数值。即使是理想链,分子链结构单元之间也是彼此相互接触的,只不过人们忽略了理想链中链段－链段以及链段－溶剂之间的作用。真实链中的远程作用是不能被忽视的,它会影响到高分子在溶液中的构象。除链段－链段之间的相互作用外,刚球排斥作用也须纳入考虑。

第 3 章已经介绍了 Flory－Huggins 晶格模型和 Flory－Krigbaum 稀溶液理论,并且从中推导出了混合热、混合熵和化学位等热力学参数。本章根据体积分数 φ 的大小把高分子溶液划分为稀溶液、半稀溶液和浓溶液,其中稀溶液和半稀溶液是本章的讨论重点。本章将首先介绍稀的／半稀的良溶液,引入热团和相关长度等概念;然后,将研究方法拓展到讨论劣溶液及稀的／半稀的 θ 溶液;最后,对比 Flory － Huggins 平均场理论与 de Gennes 标度理论的研究差异。

4.1　聚合物的良溶液

4.1.1　聚合物稀的良溶液

高分子在 θ 溶剂中处于理想状态,排除体积 $v=0$,分形维数 $D=2$。而在广义良溶液中,高分子的排除体积 v 为正值,由式(3.49)可知 h 与聚合度 n 的 3/5 次方成正比,也就是说此时高分子链的分形维数为 5/3。Flory 的良溶剂理论对这一结论进行了深入的研究。

在良溶液中,高分子链相对于无扰状态体积膨胀,会产生两种结果:一方面,排斥势能对分子链做功,引起体积膨胀;另一方面,体积膨胀会使某些构象无法实现,导致构象熵降低。因此,真实链在良溶液中的热力学稳定构象取决于排斥势能做功与熵降低两者之间的平衡。这一点曾在 3.4 节讨论过。Flory 良溶剂理论成功地抓住了这一平衡关系的精髓,使能量和熵对自由能的贡献得以被简单计算。接下来研究如何通过该平衡获得良溶剂中高分子链末端距 h 和聚合度 n 之间的关系,从而求得高分子链在良溶剂中的分形维数 D。

假设一条由 n 个结构单元组成的分子链在良溶剂中溶胀到了尺寸 h 处,显然 $h > h_0 \approx ln^{1/2}$。为了研究问题的方便,Flory 良溶液理论假设分子链上的单元在扩张体积 $V_e \approx h^3$ 内是均匀分布的,且单元之间没有相互作用。在某个指定单元排除体积 v 内发现另一个单元的概率为分子链扩张体积内结构单元密度 n/h^3 与排除体积 v 的乘积。排除体积像刚球排斥作用一样具有熵的本质,熵作用总是与温度 T 成正比,因此将一个单元排除出排除体积之外所需能量的数量级应为 kT 级。由于分子链的结构单元在扩张体积 V_e 内均匀分布，对某个特定单元来说，只有与另一个单元相互接触排除体积 v 才会发挥作用。显然这种作用是存在概率的，即 vn/h^3。由此可以得到该特定单元的排除体积作用能：$kTvn/h^3$。含有 n 个结构单元的高分子链作用能应为

$$F_{int} \approx kTv\,\frac{n^2}{h^3} \tag{4.4}$$

式(4.4)为良溶剂中排除体积作用能，也就是排除体积对分子链膨胀所做的功。那么熵对分子链膨胀的贡献如何计算呢？Flory 认为，真实链中熵对自由能的贡献应该为将理想链拉伸到末端距为 h 时所做的功。此时，所需的能量 $F_{ent}=f \cdot h$。由于理想链满足胡克定律，且 $f \approx kTh/nl^2$（式(2.71)），因此

$$F_{ent}=f \cdot h \approx kT\,\frac{h^2}{nl^2} \tag{4.5}$$

对于整条真实链，总的自由能应为排除体积作用能与熵贡献之和：

$$F=F_{int}F_{ent} \approx kT\left(v\,\frac{n^2}{h^3}+\frac{h^2}{nl^2}\right) \tag{4.6}$$

当高分子链达到溶胀平衡时，分子链的自由能最小，此时 F 对 h 的导数为零。由此可以得到溶胀平衡时分子链的末端距 h_F：

$$\frac{\partial F}{\partial h}=0=kT\left(-3v\,\frac{n^2}{h_F^4}+2\,\frac{h_F}{nl^2}\right) \Rightarrow h_F \approx v^{1/5}l^{2/5}n^{3/5} \tag{4.7}$$

从式(4.7)中看到溶胀平衡时，平衡末端距 h_F 与聚合度 n 的 3/5 次方成正比，也就是高分子链在良溶剂中的分形维数 $D=5/3$。理想链的末端距 h_0 与 n 的 1/2 次方成正比。因此，聚合度相同的高分子在良溶剂中的末端距会更大。

根据 Flory 良溶剂理论，可以建立分子链末端距 h 与聚合度 n 之间普适的幂律关系式：

$$h \sim ln^v \tag{4.8}$$

式中，v 为标度，与分形维度 D 之间的关系为 $v=1/D$。这里需要特别说明，本书中两个重要的物理量都用 v 来表示，其中出现在底数的 v 通常代表排除体积；出现在指数的 v 通常代表标度，应用时要加以注意和区分。

在式(4.7)中，特定良溶液中单元的排除体积 v 和尺寸 l 都是定值，可以视为系数。根据标度理论忽略系数的特点，得到 $h_F \sim n^{3/5}$ 的关系。从式(4.8)中能够判断出高分子真实链在良溶剂中的标度 $v=1/D=3/5$。更精确的理论（重整化群理论和计算机模拟等）证明，线型膨胀链的标度数 $v \approx 0.588$，这与良溶剂理论中所推导出的 $v=3/5$ 是十分接近的。

通过 Flory 良溶剂理论获得的分形维数结果不仅较好地符合实验数据，也符合更精确的理论结果。但这并不意味着 Flory 理论完全正确；恰恰相反，这是两次"偏差"相互抵

消的结果。首先,Flory 理论认为单元在扩张体积 V_e 内是均匀分布的,且单元之间没有相互作用。对于真实链的稀溶液来说,高分子结构单元在扩张体积内呈链段云,分布是不均匀的,单元之间的相关性也无法忽视。Flory 的假设过高地估计了排除体积的作用能,导致 F_{int} 比真实值偏高。其次,Flory 在推导过程中使用了理想链的构象熵。事实上,理想链中很多构象在真实链的良溶液中是无法实现的,这又高估了熵对自由能的贡献 F_{ent}。两两抵消造成 Flory 理论与实验结果非常吻合,任何单方面的修正都会加大偏差。虽然 Flory 良溶剂理论存在错误的假设,但是由于该理论简单、易于理解且结果正确,因此被广泛应用于真实链良溶液的研究中。图 4.2 为光散射法测试聚苯乙烯在不同溶剂中的回转半径 R_g 与重均分子量 M_w 之间的关系,结果发现:在 θ 溶剂中,$v = 0.5$,在良溶剂中,$v = 0.59$,与 Flory 良溶剂理论十分吻合。

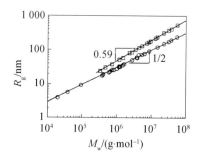

图 4.2　光散射法测试聚苯乙烯在不同溶剂中的回转半径
R_g 与重均分子量 M_w 之间的关系

4.1.2　理想链与真实链的拉伸和压缩

本节将运用上一节的研究结果比较理想链与真实链的拉伸和压缩行为;同时,进一步巩固标度理论中"团"的概念。

1.聚合物分子链的拉伸

将一条聚合度为 n、结构单元长度为 l 的高分子真实链放在 θ 溶剂和无热溶剂中将呈现不同的构象,前者为无扰线团,后者为膨胀线团。对于处于 θ 溶剂中的无扰线团,可以将其看成理想链,此时排除体积 $v = 0$。与理想链相比,处于良溶剂中真实链的远程作用不能忽视。当不相邻的结构单元相互靠近时,排除体积 v 要发挥作用。根据 3.2 节,将分子链的结构单元进行球体等效后,在无热溶剂中的排除体积 $v \approx l^3$ 为正值,可以用 Flory 良溶剂理论进行研究。

在良溶液中,真实链的末端距:$h_F \approx v^{1/5} l^{2/5} n^{3/5} \sim l n^{3/5}$。

在 θ 溶液中,理想链的末端距:$h_0 \sim l n^{1/2}$。

在 2.6 节分形理论中介绍了高分子链是具有自相似性的,也就是整体和局部末端距 h 与聚合度 n 的关系是相同的。利用这个特点,可以将整条高分子链划分成若干个含有单

元数为 g、尺寸为 ξ 的"拉伸团"。每个拉伸团中，h 与 n 的关系都与整条高分子链相同。据此，高分子理想链和真实链的溶胀行为可以用麦克斯韦（Maxwell）串联模型进行描述（图 4.3）。由于高分子链须满足自相似性，所以无论如何拉伸，拉伸团中 ξ 与 g 的关系都不会发生改变。随着拉力的变化，拉伸团将重排，从而引起整条高分子链构象的改变。根据自相似性的特点可以求出理想链和真实链中拉伸团尺寸 ξ 分别如下：

在良溶液中，真实链拉伸团的尺寸：

$$\xi \sim lg^{3/5} \tag{4.9}$$

在 θ 溶液中，理想链拉伸团的尺寸：

$$\xi \sim lg^{1/2} \tag{4.10}$$

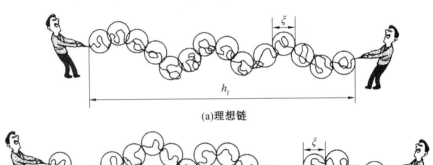

(a)理想链

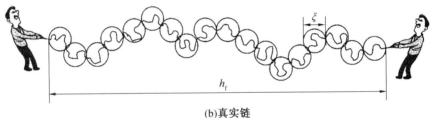

(b)真实链

图 4.3   以相同外力拉伸理想链和真实链的 Maxwell 串联模型

图 4.3 中整条高分子链由若干个拉伸团依次连接而成，因此在双轴拉伸状态下，整条分子链的末端矩实际上是拉伸团尺寸与数量的乘积。高分子链由 n 个单元构成，每个拉伸团由 g 个单元构成，因此拉伸团的数量应该为 n/g 个。

真实链双轴拉伸的末端距：

$$h_f \approx \xi\,\frac{n}{g} \approx \frac{nl^{5/3}}{\xi^{2/3}} \approx \frac{h_F^{5/3}}{\xi^{2/3}} \tag{4.11}$$

理想链双轴拉伸的末端距：

$$h_f \approx \xi\,\frac{n}{g} \approx \frac{nl^2}{\xi} \approx \frac{h_0^2}{\xi} \tag{4.12}$$

根据式(4.11)和式(4.12)，可以得到拉伸团尺寸 ξ 与溶剂中分子链热力学稳定时的构象尺寸(h_F 和 h_0)及拉伸状态下尺寸 h_f 之间的关系：

真实链：

$$\xi \approx \frac{h_F^{5/2}}{h_f^{3/2}} \tag{4.13}$$

理想链：

$$\xi \approx \frac{h_0^2}{h_f} \tag{4.14}$$

接下来分析拉伸过程中能量的变化。在 2.7 节介绍了理想链每个拉伸团在拉伸过程中能量的变化为 kT 级（忽略系数）。同理，真实链中的每一个拉伸团在双轴拉伸过程中能量的变化也为此数量级。因此，整条高分子链在拉伸过程中自由能的变化如下：

真实链：

$$F(n,h_f) \approx kT\,\frac{n}{g} \approx kT\,\frac{h_f}{\xi} \approx kT\left(\frac{h_f}{h_F}\right)^{5/2} \tag{4.15}$$

理想链：

$$F(n,h_f) \approx kT\,\frac{n}{g} \approx kT\,\frac{h_f}{\xi} \approx kT\left(\frac{h_f}{h_0}\right)^2 \tag{4.16}$$

如果想得到拉伸外力，只需要将自由能 $F(n,h_f)$ 对 h_f 求导数：

真实链：

$$f = \frac{\partial F(n,h_f)}{\partial h_f} \approx \frac{5kT}{2h_F^{5/2}}h_f^{3/2} \tag{4.17}$$

理想链：

$$f = \frac{\partial F(n,h_f)}{\partial h_f} \approx \frac{2kT}{h_0^2}h_f \tag{4.18}$$

对于理想链，双轴拉伸过程中 f 与 h_f 之间依然为线性关系。然而，对于真实链，f 与 h_f 之间不再是线性关系，而是与 h_f 的 3/2 次幂呈线性关系。真实链的拉力随链长度增长得快，但对同样的拉伸长度，真实链的拉伸力总是小于理想链。随着分子链被拉伸，可实现的构象数减少，但是真实链可供减少的构象数少，所以需要的拉伸力小。

2.聚合物分子链的压缩

聚合物分子链的压缩可以分为单向压缩和双向压缩两种形式。双向压缩的模型则是将分子链置于直径为 D 的管子中，然后从管子的两端对分子链压缩。而单向压缩的模型是将分子链在两个平行板间进行压缩（z 轴方向），这将导致分子链沿着 x 轴和 y 轴两个方向膨胀，犹如用力将面团压成面饼一样（图 4.4）。

（1）双向压缩。

同聚合物分子链的拉伸一样，将整条高分子链划分成若干个"压缩团"，这些压缩团的分形维数和整条高分子链是一致的。由于管径 D 的限制，每个压缩团的尺寸为 D，含有的结构单元数为 g。在小于 D 的尺寸上，压缩团的统计性质与非形变分子链相同。对聚合度为 n、结构单元长度为 l 的高分子真实链和理想链分别进行双向压缩，它们对应的压缩团尺寸依据拉伸团的方法可以求得：

真实链中压缩团尺寸：

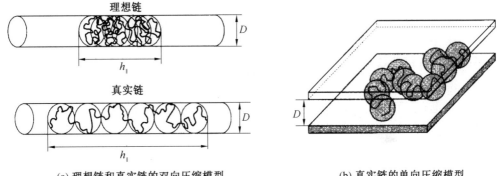

(a) 理想链和真实链的双向压缩模型　　　　(b) 真实链的单向压缩模型

图 4.4　　聚合物分子链的压缩

$$D \approx lg^{3/5} \tag{4.19}$$

理想链中压缩团尺寸：

$$D \approx lg^{1/2} \tag{4.20}$$

根据上面的关系，可以求出每个压缩团中含有单元数 g 的表达式：

真实链的压缩团中所包含结构单元数量：

$$g \approx \left(\frac{D}{l}\right)^{5/3} \tag{4.21}$$

理想链的压缩团中所包含结构单元数量：

$$g \approx \left(\frac{D}{l}\right)^{2} \tag{4.22}$$

　　真实链中的压缩团彼此之间存在排除体积的作用，使得它们不能相互重叠。因此，真实链的尺寸仍可以通过压缩团的尺寸与数量的乘积得出，这一点与真实链的双向拉伸计算方法是相同的。但是在理想链中由于排除体积 $v=0$，所以在双向压缩的过程中，压缩团彼此之间是可以重叠的，也就是说理想链沿管轮廓尺寸不受管径约束的影响（图4.4(a)）。显然，此时分子链的长度是不能通过压缩团尺寸与数量乘积得出的，这一点与理想链的双向拉伸有很大区别。可以将每个压缩团视为结构单元，那么整条分子链仍为理想链，满足 $\langle h^{2} \rangle = nl^{2}$ 的关系，只不过此时的 l 应该为压缩团的尺寸 D，而 n 则是分子链中含有的压缩团的数量 n/g。

　　双向压缩后真实链的尺寸：

$$h_{\parallel} = D\left(\frac{n}{g}\right) = \left(\frac{l}{D}\right)^{2/3} nl \tag{4.23}$$

　　双向压缩后理想链的尺寸：

$$h_{\parallel} = D\left(\frac{n}{g}\right)^{1/2} = ln^{1/2} \tag{4.24}$$

　　通过上面两式的对比可以看到，在双向压缩的过程中，真实链的尺寸与聚合度 n 成正比,也就是聚合度越高,则压缩后的真实链尺寸越大。而理想链的尺寸却与聚合度 n 的 1/2 次幂成正比。因此,相同聚合度的真实链和理想链被双向压缩后真实链的尺寸更大。这是因为由于排除体积的限制,真实链中的每一个压缩团必须沿着管径方向顺序排列,不能出现重叠。相比之下,由于理想链在压缩过程中没有排除体积 v 的推斥作用,即使压缩团重叠也不会有任何能量的限制,所以最终尺寸会更小。另外,真实链的尺寸与管径 D 的 2/3 次幂成反比,即管径越小,则被压缩后的真实链尺寸越大。与之形成鲜明对比的是,理想链压缩后的尺寸与管径无关。

再来看双向压缩过程中,真实链和理想链的能量变化。压缩过程的自由能称为压缩自由能(F_{conf}),这个概念在 4.2 节 Flory 的劣溶剂理论中还会用到。同拉伸过程一样,每个压缩团的能量也是 kT 级,因此:

真实链的自由能:

$$F_{conf} \approx kT\,\frac{n}{g} \approx kTn\left(\frac{l}{D}\right)^{5/3} \approx kT\left(\frac{h_F}{D}\right)^{5/3} \tag{4.25}$$

理想链的自由能:

$$F_{conf} \approx kT\,\frac{n}{g} \approx kTn\left(\frac{l}{D}\right)^{2} \approx kT\left(\frac{h_0}{D}\right)^{2} \tag{4.26}$$

上面两式中的 h_F 和 h_0 分别是真实链和理想链不受限制时的末端距,对于真实链为式(4.7)。上面两式的计算结果可以用下面的通式进行表达:

$$F_{conf} \approx kT\left(\frac{ln^{v}}{D}\right)^{1/v} \tag{4.27}$$

式中,v 为标度,对于理想链,$v=1/2$;对于真实链,$v=3/5$。把相应的数值代入后,就可以得到真实链和理想链双向压缩过程中自由能的表达式(4.25)和式(4.26)。

(2)单向压缩。

单向压缩是在两片平行板中进行的。理想链单向压缩后尺寸 $h_\parallel$ 与双向压缩的表达式类似,仍为式(4.24)。原因在于理想链中排除体积 $v=0$,所以无论是一维运动(双向压缩)还是二维运动(单向压缩),x、y 和 z 方向的运动彼此之间无影响,都遵循无规行走模型。但是真实链的情况则不同,它的平衡尺寸同式(4.7)一样,需要通过自由能 F 对末端距 h 的导数求得。因此,必须先求出自由能 F。在单向压缩过程中,依旧把分子链看成由若干个压缩团组成,此时结构单元的尺寸应该为压缩团的尺寸 D,而结构单元的数量则转化成一条分子链中所包含的压缩团数量 n/g。之后,按照式(4.6)的形式将自由能分为作用能部分和熵部分。其中作用能部分为式(4.4)的二维形式(压缩过程中分子链在二维空间内膨胀)。也就是说,并不是排除体积 v 和分子链体积 h^3,而是"排除面积"D^2 和压缩后分子链面积 $h_\parallel{}^2$。因此作用能为

$$F_{int} = kT\left[D^2\,\frac{(n/g)^2}{h_\parallel^2}\right] \tag{4.28}$$

熵部分对自由能的贡献仍可以写成类似式(4.5)的形式：

$$F_{\text{ent}} \approx kT \frac{h_{\parallel}^2}{(n/g)D^2} \tag{4.29}$$

单向压缩过程中自由能为作用能和熵贡献之和：

$$F = F_{\text{int}} + F_{\text{ent}} = kT \left[D^2 \frac{(n/g)^2}{h_{\parallel}^2} + \frac{h_{\parallel}^2}{(n/g)D^2} \right] \tag{4.30}$$

平衡态时分子链的自由能应该为最小值，可以通过 F 对 $h_{\parallel}$ 的求导等于零得到：

$$h_{\parallel} \approx D \left(\frac{n}{g} \right)^{3/4} \approx n^{3/4} l \left(\frac{l}{D} \right)^{1/4} \tag{4.31}$$

对比式(4.31)和式(4.24)，可以发现在单向压缩过程中真实链的尺寸要比理想链大很多，原因还是排除体积的存在。真实链受力在二维空间内膨胀后，由于排除体积的作用，各个压缩团之间彼此相互推斥，从而导致了真实链尺寸相对于理想链的增加。

4.1.3 热团

前面介绍了张力团、拉伸团和压缩团。这些"团"都是一个尺度，团中的分形维数和整条高分子链的分形维数是相同的，每个团的能量都是 kT 级。接下来，从"热尺度"的角度考虑引入"热团"的概念。将热团的尺寸定义为 ξ_{T}，每个热团中含有的结构单元数量为 g_{T}，其能量为 kT。ξ_{T} 不仅是空间上的尺度，也是能量上的尺度。在小于 ξ_{T} 的尺度上（即热团内部），排除体积 v 的作用能小于 kT，热团内部链段的排除体积 v 不发挥作用，此时链段的行为与理想链段相同。依据理想链的无规行走模型可以得到

$$\xi_{\text{T}} = l g_{\text{T}}^{1/2} \tag{4.32}$$

热团内部排除体积作用能的形式与式(4.4)相似。式(4.4)是整条分子链排除体积的作用能，一个热团内部链段的排除体积作用能应为

$$F_{\text{int}} = kT \, |v| \frac{g_{\text{T}}^2}{\xi_{\text{T}}^3} \tag{4.33}$$

这里使用排除体积的绝对值 $|v|$，是因为排除体积既可以是正数也可以是负数，本章不仅要讨论良溶剂中的排除体积，还要讨论劣溶剂中的排除体积。一个热团的能量为 kT，将其与式(4.33)联立即可得到 2 个非常重要的参数：热团的尺寸 ξ_{T} 和热团中结构单元的数目 g_{T}。

$$F_{\text{int}} = kT \, |v| \frac{g_{\text{T}}^2}{\xi_{\text{T}}^3} kT \Rightarrow \begin{cases} \xi_{\text{T}} = \dfrac{l^4}{v} \\ g_{\text{T}} = \dfrac{l^6}{v^2} \end{cases} \tag{4.34}$$

从式(4.34)可以分析出 ξ_{T} 应为尺寸的量纲，而 g_{T} 无量纲。球体等效的链段在无热溶剂中 $v \approx l^3$。此时，热团尺寸 ξ_{T} 与结构单元尺寸相当，$\xi_{\text{T}} \approx l$。除无热溶剂外，聚合物

在非溶剂中 $v \approx -l^3$。此时,热团尺寸 ξ_T 也和结构单元尺寸相当,只不过分子链收缩。如果热团尺寸比分子链的尺寸还大,那么整条分子链处于理想状态,即

$$\xi_T \geqslant h_0 \Rightarrow |v| \leqslant l^3 n^{-1/2} \tag{4.35}$$

在满足式(4.35)的情况下聚合物溶液处于理想状态。根据 3.2 节的知识,当排除体积介于无热溶剂 / 非溶剂和 θ 溶剂之间时,即 $l^3 n^{-1/2} < |v| < l^3$,高分子处于亚良溶剂(广义良溶剂的一种)或劣溶剂中。前者的分子链伸展,而后者的分子链蜷曲。

良溶剂中,在大于热团尺寸 ξ_T 的尺度上,排除体积的排斥作用能大于热能 kT,高分子链伸展(图 4.5(a))。此时如果把热团当作结构单元,那么热团将自避行走,末端距可以写成类似于式(4.8)的幂律形式:

$$h_F \approx \xi_T \left(\frac{n}{g_T} \right)^v \approx l \left(\frac{v}{l^3} \right)^{2v-1} n^v \tag{4.36}$$

良溶剂中的标度 $v = 3/5$(或 $v \approx 0.588$)。把该数值代入式(4.36)中,就会得到与式(4.7)相同的结果。

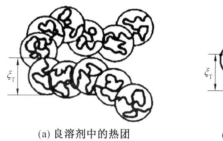

(a) 良溶剂中的热团　　　　　　　(b) 劣溶剂中的热团

图 4.5　不同溶剂中的热团

良溶剂中排除体积 $v > 0$,而劣溶剂中 $v < 0$。在大于热团尺寸 ξ_T 的尺度上,排除体积 v 的吸引作用能也大于热能 kT,末端距也可以写成类似于式(4.8)的幂律形式(图4.5(b))。不同于良溶剂中 $D = 5/3$ 和 θ 溶剂中 $D = 2$,在劣溶剂中分子链的分形维数 $D = 3$(4.2 节进行讨论)。因此,劣溶剂中分子链末端距 h_{gl} 为

$$h_{gl} \approx \xi_T \left(\frac{n}{g_T} \right)^{1/3} \approx \frac{l^2}{|v|^{1/3}} n^{1/3} \tag{4.37}$$

通过热团的引入,推导出良溶剂和劣溶剂中高分子链的分形维数 D。对无热溶剂和非溶剂来说,热团的尺寸均为 $|\xi_T| \approx l$,前者的标度 $v = 3/5$,后者的标度 $v = 1/3$(非溶剂是一种极端劣溶剂)。对于良溶剂,小于热团尺寸 ξ_T 的尺度上,分子链处于理想状态 $v = 1/2$;而在大于 ξ_T 的尺度上,分子链的标度 $v = 3/5$。对于劣溶剂,小于热团尺寸 ξ_T 的尺度上,分子链处于理想状态 $v = 1/2$;大于 ξ_T 的尺度上,分子链的标度 $v = 1/3$(图 4.6)。需要注意的一点是,图 4.6 中热团尺寸的变化是突变,而实验中这种变化是平缓的。

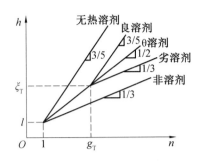

图 4.6　各类聚合物稀溶液中的末端距

4.1.4　半稀良溶液

前面研究的是稀的良溶液,本节讨论半稀良溶液。高分子溶液从稀溶液过渡到半稀溶液,除了增大浓度外,还可以升高温度使分子链构象伸展,由彼此孤立转变为相互穿插。从热团的角度考虑,温度升高后排除体积的相互作用将逐渐超过热能,造成分子链膨胀。当实际体积分数 φ 与扩张体积分数 φ^* 相等时,高分子溶液处于稀溶液和半稀溶液的边界。此时,聚合物的体积分数 φ 为

$$\varphi = \varphi^* \approx \frac{nl^3}{h_F^3} \approx \left(\frac{l^3}{v}\right)^{6v-3} n^{1-3v} \tag{4.38}$$

式中,h_F 的表达式为式(4.7);底数中的 v 为排除体积;指数中的 v 为标度,对于良溶剂来说 $v = 3/5$。

对于大部分高分子,其温度越高,分子链构象越伸展,h_F 越大,扩张体积分数 φ^* 越小。一旦体积分数 φ 大于扩张体积分数 φ^*,则高分子溶液从稀溶液过渡为半稀溶液,分子链中的单元彼此接触,对聚合物链的构象造成影响。这种情况下,分子链末端距 h 与体积分数 φ 之间的关系如何确定呢?

这里要引入“相关长度(ξ_r)”的概念。相关长度 ξ_r 是半稀溶液中一个十分重要的概念,它是指一条分子链上的某个单元能够接触到其他分子链上单元的最短距离(图 4.7)。根据定义,小于相关长度时,每个单元被溶剂和同一分子链上的其他单元所包围,该单元只能与同链上的其他单元接触,不会和其他分子链上单元接触。只有大于相关长度 ξ_r,该单元才能与其他链上的单元接触。根据相关长度可以把相互穿插的分子链划分为若干个“相关团”,每个相关团内分子链都是独立的,不与其他相关团中的分子链接触。相关长度概念的引入使得每个相关团内的高分子链段都满足稀溶液的条件,于是研究半稀溶液的问题又被转化成对稀溶液的讨论。假设一个相关团内含有的结构单元数目为 g_r,则相关长度 ξ_r 的表达式与式(4.36)相似:

$$\xi_r \approx l \left(\frac{v}{l^3}\right)^{2v-1} g_r^v \tag{4.39}$$

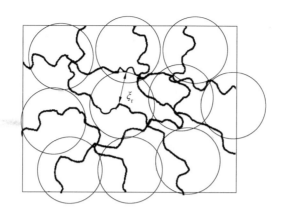

图 4.7　相关团及相关长度的示意图

此时,每个相关团内结构单元的体积分数 φ_r 为

$$\varphi_r \approx \frac{gl^3}{\xi_r^3} \approx \left(\frac{\xi_r}{l}\right)^{(1/v)-3} \left(\frac{l^3}{v}\right)^{(2v-1)/v} \left(\frac{l}{\xi_r}\right)^3 \approx \left(\frac{l^3}{v}\right)^{(2v-1)/v} \left(\frac{\xi_r}{l}\right)^{(-3v+1)/v} \tag{4.40}$$

由式(4.40)可以推导出相关长度 ξ_r 与体积分数 φ_r 之间的关系为

$$\xi_r \approx l\left(\frac{l^3}{v}\right)^{(2v-1)/(3v-1)} \varphi_r^{-v/(3v-1)} \Rightarrow \xi_r \sim \varphi_r^{-0.76}\,(v \approx 0.588) \tag{4.41}$$

从式(4.41)可以看到,相关长度 ξ_r 随着相关团内结构单元体积分数 φ_r 的增加而逐渐减小。也就是说,半稀溶液的浓度越高,相关长度 ξ_r 越小。继续推导还可以得到相关团内结构单元数目 g_r 与相关团内结构单元体积分数 φ_r 之间的关系式(4.42),从中可以看到单元数目 g_r 随着 φ_r 的增加而减小。

$$g_r \approx \left(\frac{l^3}{v}\right)^{3(2v-1)/(3v-1)} \varphi_r^{1/(1-3v)} \Rightarrow g_r \sim \varphi_r^{-1.3}\,(v \approx 0.588) \tag{4.42}$$

图 4.7 中,在大于相关长度的尺度上,一条分子链上的结构单元是能够与其他链上的结构单元相互接触的。此时,排除体积的相互作用被重叠链之间的作用所屏蔽,整条分子链可以看作由相关团组成的聚合物熔体,相关团的运动处于无扰状态。整条分子链因排除体积相互作用被屏蔽而进行无规行走,这与理想链的运动方式类似。因此,分子链末端距 h 的表达式与理想链类似,只不过此时的结构单元为相关团:

$$h \approx \xi_r\left(\frac{n}{g_r}\right)^{1/2} \approx l\left(\frac{v}{l^3\varphi_r}\right)^{(v-1/2)/(3v-1)} n^{1/2} \tag{4.43}$$

对于良溶液,将标度 $v \approx 0.588$ 代入式(4.43),可知 $h \sim \varphi_r^{-0.12}$,随着相关团内结构单元体积分数 φ_r 的增加,半稀良溶液中分子链的末端距 h 缓慢减小。在图 4.8 中,依据热团尺寸 ξ_T 和相关长度 ξ_r 两个尺度,可以将处于半稀良溶液中的高分子链划分成三个区间。

(1)标度区一:小于热团尺寸 ξ_T 的区域,排除体积 v 的相互作用小于热能 kT,热团内的链段几乎是无扰状态,具有理想链构象;标度 $v = 1/2$。

(2)标度区二:大于热团尺寸 ξ_T、小于相关长度 ξ_r 的区域,排除体积 v 的作用强烈,分子链处于真实链的膨胀状态;标度 $v=0.588$。

(3) 标度区三:大于相关长度 ξ_r 的区域,排除体积 v 的作用被其他分子链屏蔽,整条分子链相当于由相关团构成的结构单元进行无规行走;标度 $v=1/2$。

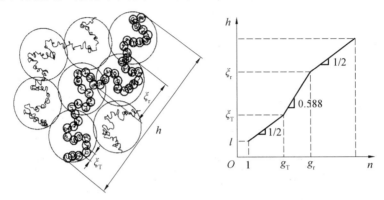

图 4.8   半稀良溶液三个标度区间的划分及相应的尺寸与结构单元数
            量之间的关系

4.2   聚合物的劣溶液

4.2.1   Flory 的劣溶剂理论

通过上一节可知,聚合物在劣溶剂中的分形维数 $D=3$,这个数值可以通过 Flory 劣溶剂理论求出。式(4.6)给出了高分子链亥姆霍兹自由能的表达式,通过该式求解出了良溶剂中分子链的分形维数 $D=5/3$,那么这个自由能表达式对劣溶剂是否适用呢?劣溶剂中的排除体积 v 是负数,表明分子链中存在着强烈的吸引作用,熵和能量的贡献均随 h 的减小而下降。式(4.6)的自由能最小值应位于 $h=0$ 处($h \to 0$,$F \to -\infty$),说明劣溶剂中的聚合物将收缩成一个点。显然,这既不符合实际情况,也违背物理原理,因为劣溶剂中的分子链虽然呈蜷曲构象,但不会塌陷成一个点。因此式(4.6)并不适合劣溶剂。劣溶剂的亥姆霍兹自由能表达式中必须引入稳定项以阻止分子链向一个点塌陷。

Flory 劣溶剂理论中引入的第一个稳定项为约束熵。从图 4.5(b))中看到劣溶剂中的分子链蜷曲成一个团簇。可以将蜷曲成团簇的高分子链看成约束在尺寸 $h < h_0 \approx ln^{1/2}$ 的球形孔洞内。这里需要注意的是劣溶剂中在团簇的尺寸上,热团可以保持无规行走,也就是说,每一个团都可以在孔洞范围内无规行走,因此每一个团中的单元数,可以由团内理想链统计计算,此时理想链的末端距 h 对应着孔洞的尺寸:

$$g \approx \left(\frac{h}{l}\right)^2 \qquad (4.44)$$

分子链被压缩成团簇必定要损失一部分构象,导致熵对自由能的贡献减少。压缩自

由能的求解方法在 4.2 节"双向压缩"中介绍过:每一个团所对应的能量 kT 与团数目的乘积:

$$F_{conf} \approx kT\,\frac{n}{g} \approx kT\,\frac{nl^2}{h^2} \tag{4.45}$$

显然,因分子链在劣溶剂中构象受到约束而损失的约束熵也应计入自由能之中,即

$$F = F_{int} + F_{ent} + F_{conf} \approx kT\left(v\,\frac{n^2}{h^3} + \frac{h^2}{nl^2} + \frac{nl^2}{h^2}\right) \tag{4.46}$$

式(4.46)中,第一项来源于排除体积 v 的作用能;后面两项都为熵的贡献,其中第二项来源于拉伸的贡献(见 2.7 节);第三项源于压缩的贡献。可以注意到尽管引入了约束熵,当 $h \to 0$ 时,排除体积作用对自由能的贡献(第一项,负值)仍远大于熵的贡献(第二项和第三项之和,正值),因为第一项的分母为 h^3,而第三项的分母为 h^2,第二项则可忽略。这就导致式(4.46)中 F 的最小值仍出现在 $h = 0$ 处。也就是说,即使引入约束熵也不足以阻止吸引势能造成的分子链塌陷。怎样解决这个问题呢? Flory 在劣溶剂理论中又引入了一个稳定项,这一项来源于相互作用对自由能的贡献。

在 3.2 节中,将自由能密度中的相互作用部分 F_{int}/V 进行维利展开写成了 c_n 的幂级数形式($c_n = n/h^3$;$V = h^3$),由此得到了式(3.8)。式中第一项包含排除体积 v,代表两实体相互作用(二元相互作用);第二项包含三实体相互作用(三元相互作用),w 称为三元相互作用系数。

$$\frac{F_{int}}{V} = \frac{kT}{2}(vc_n^2 + wc_n^3 + \cdots) \approx kT\left(v\,\frac{n^2}{R_g^6} + w\,\frac{n^3}{R_g^9} + \cdots\right) \approx kT\left(v\,\frac{n^2}{h^6} + w\,\frac{n^3}{h^9} + \cdots\right) \tag{4.47}$$

在稀的良溶剂中,分子链呈伸展构象,两实体相互作用占支配地位,所以第二项及更高次项被忽略了。然而在劣溶剂中,分子链呈蜷曲构象,在团簇内结构单元的密度很大,单元和单元之间的接触概率非常高。此时的三实体相互作用越来越重要,将起到阻止团簇塌陷的效果,不能被忽略。由此,须将三实体相互作用引入自由能的表达式中:

$$F \approx F_{int} + F_{ent} + F_{conf} \approx kT\left(v\,\frac{n^2}{h^3} + w\,\frac{n^3}{h^6} + \frac{h^2}{nl^2} + \frac{nl^2}{h^2}\right) \tag{4.48}$$

式(4.48)中,前两项来源于作用能的贡献,后两项来源于熵的贡献。当 $h \to 0$ 时,相比于作用能的贡献,熵的贡献是可以被忽略的。式(4.48)可以简写为

$$F \approx kT\left(v\,\frac{n^2}{h^3} + w\,\frac{n^3}{h^6}\right) \tag{4.49}$$

式中,三实体相互作用阻止分子链的塌陷,$w > 0$。当两项相互抵消时,自由能 F 的数值最小,此时分子链的尺寸为

$$h_{gl} \approx \left(\frac{wn}{|v|}\right)^{1/3} \tag{4.50}$$

从式(4.50)中$h_{\mathrm{gl}} \sim n^{1/3}$的关系可以得出劣溶剂中分子链的分形维数$D=3$,标度$v=1/3$的结论。

4.2.2　劣溶剂中的稀相和浓相

劣溶剂中会发生相分离。上层为聚合物的稀溶液(稀相),而下层为沉淀相(浓相,假定高分子的密度大于溶剂密度)。稀相的平均体积分数是φ',浓相的平均体积分数是φ''。在两相区平衡共存的两个浓度参数之差称为有序参数。聚合物溶液中的有序参数类似于气液转变的范德瓦耳斯有序参数,它与两共存相的浓度差成正比。该有序参数被预测为与临界点的接近程度呈幂律关系变化:

$$\varphi'' - \varphi' \sim (\chi - \chi_c)^\beta \sim (T_c - T)^\beta \tag{4.51}$$

根据平均场理论所推测出的$\beta=1/2$。然而,大量实验表明,实验数据与平均场理论的预测存在偏差,一般来说实验数据要比理论预测更宽一些。如在聚苯乙烯－甲基环己烷体系中(图 4.9),无论分子量大小,平均场理论所得到的双节线都要比实验数据窄,显然平均场理论没能很好地描述接近临界点的双节线形状。这是因为临界温度附近有一个临界区域,在这个区域内平均场理论不再适用,因为它忽略了分子链浓度的涨落。平均场理论假定分子链在稀相中是均匀分布的。然而稀相中分子链的浓度非常低,分布状态与Flory－Krigbaum 稀溶液理论中的链段云类似,不同之处在于良溶剂中链段云的分子链呈伸展构象,而劣溶剂稀相中的分子链呈蜷曲构象。链段云的分布不能用平均场理论描述,这就是在相分离边界线上实际$\beta \neq 1/2$的原因。既然稀相不能用平均场理论描述,那么浓相是否可以呢? 浓相中的分子链浓度极大,重叠参数$P \gg 1$,浓度差异造成的涨落小得多,所以是可以用平均场理论进行解释的。通过对平均场理论自洽的检查可以得到临界区域的宽度并进行修正,称为金兹伯格(Ginzburg)判据。

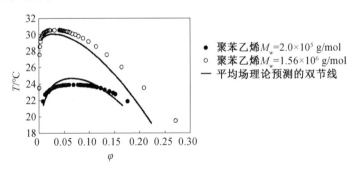

图 4.9　聚苯乙烯－甲基环己烷溶液的相图

Ginzburg 判据与浓度涨落相关,而浓度涨落的定量计算需要用到重叠参数P,其定义为一根分子链的扩张体积中其他分子链的平均数。在 A－B 混合物的临界点上,A 链的重叠参数P通常为总体积分数φ_c与扩张体积中单根 A 分子链的体积分数之比,即

$$P_c \approx \frac{\varphi_c h_A^3}{n_A l^3} \approx \varphi_c \sqrt{n_A} \approx \frac{\sqrt{n_A n_B}}{\sqrt{n_A} + \sqrt{n_B}} \tag{4.52}$$

(1) 对于对称共混物，$n_A = n_B = n$，$P_c = n^{1/2}/2 \gg 1$，平均场理论适用；

(2) 对于不对称共混物，$n_A \gg n_B$，$P_c = n_B^{1/2}$，只要 $n_B \gg 1$，平均场理论便适用；

(3) 对于聚合物稀溶液，$n_B \to 1$，$P_c \to 1$，此时平均场理论不再适用。

既然劣溶剂中的浓相可以用平均场理论描述，那么分子链的体积分数 φ'' 是多少呢？式(3.8)中 v 为二实体相互作用项，w 为三实体相互作用项。在低浓度时，维利展开式中的第一项，即两实体相互作用项占优。随着体积分数的升高，三实体相互作用项越来越重要，可以稳定链球的塌缩。劣溶剂浓相中 φ'' 极大，远离临界点，$P_c \gg 1$。平均场理论在解释浓相时很好地吻合实验数据的原因就在于第二项和第三项共同作用，其中第二项的结果是二元相互吸引导致相分离的产生，而第三项为三元相互排斥，使浓度保持稳定。要想得到浓相体积分数 φ''，须借助高分子溶液的渗透压 Π 的维利展开式：

$$\Pi = \frac{kT}{l^3}\left[\frac{\varphi}{n} + (1 - 2\chi)\frac{\varphi^2}{2} + \frac{\varphi^3}{3} + \cdots\right] \tag{4.53}$$

$$v = \left(\frac{1}{n_B} - 2\chi\right)l^3 \tag{4.54}$$

上述展开式的推导过程非常复杂，本书不做详细讲解。式(4.53)中，等号右边第二项对应着两实体的相互吸引作用，促使相分离，因此 $kT\varphi^2(1-2\chi)/2l^3 < 0$；第三项对应着三实体的相互排斥作用，促进相稳定，因此 $kT\varphi^3/3l^3 > 0$。由两项自由能之和的极小值可得出浓相的体积分数 φ''：

$$\varphi'' \approx 2\chi - 1 = -\frac{v}{l^3} \tag{4.55}$$

下面研究稀相中分子链的构象及体积分数 φ'。稀相中的分子链构象和浓相中是不同的。稀相中分子链收缩成一个"链球"，这是热团的紧密堆积引起的，其尺寸 h_{gl} 为式(4.50)。当链球紧密粘连形成浓相时，每条分子链中的热团不仅以相同能量 kT 相互吸引，而且也会吸引其他分子链中的热团。周围的分子链屏蔽了分子内的相互作用，每条链都在相同的相互作用能（每个热团的作用为 kT）下膨胀到了最大的构象熵。这样浓相重叠链对排除体积 v 的吸引作用是屏蔽的。因此，浓相中分子链呈理想构象，尺寸为 $h \approx ln^{1/2}$。那么稀相中的 φ' 是多少呢？稀相中分子链的浓度非常小，导致涨落巨大，无法用平均场理论研究。在这里只给出 φ' 的表达式，对推导过程不进行详细讨论。φ' 是在 φ'' 的基础上乘链球表面能的一个指数函数：

$$\varphi' = \varphi'' \exp\left(-\frac{\gamma h_{gl}^2}{kT}\right) \approx \frac{|v|}{l^3}\exp\left(-\frac{|v|^{3/4}}{l^4}n^{2/3}\right) \tag{4.56}$$

虽然稀相中的 φ' 不易求解，但可以计算出稀相中链团内分子链的体积分数 φ^*：

$$\varphi^* \approx \frac{nl^3}{h_{gl}^3} \approx 2\chi - 1 \approx -\frac{v}{l^3} \approx \varphi'' \tag{4.57}$$

从式(4.57)中可以看到,链团内分子链的体积分数与浓相中分子链的体积分数相同。

4.3　聚合物的 θ 溶液

4.3.1　排除体积与温度的关系

为了解排除体积 v 与温度 T 之间的关系,需回顾 Mayer $-f$ 函数式(3.6)以及排除体积的定义式(3.7)。当单元之间的距离小于单元自身尺寸($r < l$),此时排斥势能极大($U(r) \gg kT$),Mayer $-f$ 函数 $f(r) = -1$。如果单元之间的距离大于单元自身尺寸($r > l$),相互作用势能的绝对值小于热能($U(r) < kT$),Mayer $-f$ 函数可近似为相互作用能与热能之比:$f(r) \cong -U(r)/kT$。此时的排除体积 v 为

$$v = -4\pi \int_0^\infty f(r) r^2 \mathrm{d}r \approx 4\pi \int_0^b r^2 \mathrm{d}r + \frac{4\pi}{kT}\int_b^\infty U(r) r^2 \mathrm{d}r \approx \left(1 - \frac{T_\theta}{T}\right) l^3 \tag{4.58}$$

式(4.58)包含了两项,第一项 $v \approx l^3$ 来源于刚球排斥的贡献;第二项则是排除体积与温度之间的关系,体现了温度对排除体积的影响,其中 T_θ 为 θ 温度:

$$T_\theta \approx -\frac{1}{l^3 k}\int_b^\infty U(r) r^2 \mathrm{d}r \tag{4.59}$$

当 $T > T_\theta$ 时,排除体积 v 为正值,高分子处于良溶液中;当 $T \gg T_\theta$ 时,$v \approx l^3$,高分子处于无热溶剂中。当 $T < T_\theta$ 时,排除体积 v 为负值,高分子处于劣溶液中;当 $T = T_\theta$ 时,排除体积 $v = 0$,高分子处于理想溶液中。

式(3.104)给出了 Huggins 参数 χ 的经验公式,式中 χ 可以分成熵部分 A 和焓部分 B/T。对于大多数高分子溶液,$A = 0$,$B > 0$。这样的高分子溶液所对应的典型相图如图4.10所示。在纵坐标上可以找到 θ 温度。在 θ 温度时,高分子溶液处于理想状态,T_θ 应该高于临界共溶温度 T_c。在曲线以下的区间内,高分子处于相分离状态。当温度高于 T_c 时,溶液处于均相状态。除了以温度 T 为纵坐标外,也可以以 χ 为纵坐标。此外,还可以以排除体积 v 为纵坐标,它与温度的关系为式(4.58)。当高分子处于理想状态时,$T = T_\theta$,$\chi = 1/2$,$v = 0$。

接下来确定一个特殊的浓度:在 θ 状态下,如果聚合物的实际体积分数 φ_θ 与扩张体积分数 φ_θ^* 相等,此时的实际体积分数 φ_θ 或扩张体积分数 φ_θ^* 是多少?扩张体积分数的定义为聚合物的实际体积与扩张线团体积之比。对于结构单元尺寸为 l、聚合度为 n 的聚合物,其实际体积为 nl^3;理想溶液中 $\langle h^2 \rangle_0 = nl^2$,扩张线团的半径为 h^3。因此

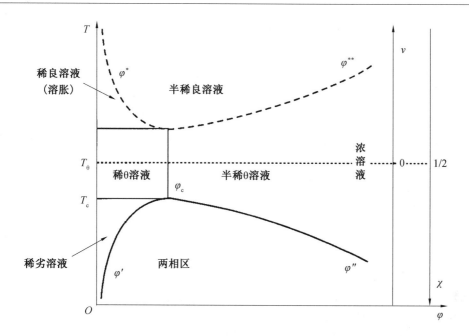

图 4.10　UCST 型聚合物溶液的相图（实线为双节线；虚线为半稀良溶液体系的低温边界）

$$\varphi_\theta^* \approx \frac{nl^3}{h^3} = \frac{1}{\sqrt{n}} \tag{4.60}$$

依据 φ_θ^* 的数值，可以将 θ 状态下的高分子溶液分为稀 θ 溶液（$\varphi \leqslant \varphi_\theta^*$）和半稀 θ 溶液（$\varphi > \varphi_\theta^*$）。对比式（4.41）和式（4.60）发现，同一种高分子 θ 溶液中的扩张体积分数大于良溶液。因为后者的分子链伸展，更易出现穿插缠绕。此外，在 θ 溶剂中的扩张体积分数随聚合度 n 的增加降低得比良溶剂中慢很多。

在 3.4 节的讨论中，认为 T_θ 应该为温度的一个"点"，只有在此温度下，聚合物溶液才处于理想状态。而在 4.3 节中认为，只要热团尺寸大于整条高分子链的尺寸，那么整条分子链就处于理想状态。现将式（4.35）和式（4.58）联立，就会得到稀溶液 θ 状态的两个边界温度：

$$\frac{T_\theta}{\left(1 + \dfrac{1}{\sqrt{n}}\right)} \leqslant T \leqslant \frac{T_\theta}{\left(1 - \dfrac{1}{\sqrt{n}}\right)} \tag{4.61}$$

在两个温度的边界上，分子链分别开始膨胀和收缩。由此可以看到，对于聚合物溶液，并不是只有在 T_θ 这一点上才处于理想状态；只要接近 T_θ 且温度区间满足式（4.61），聚合物溶液就处于理想状态。

4.3.2　半稀 θ 溶液

从图 4.10 中可以看到，随着横坐标 φ 的增大，在 T_θ 附近会出现半稀 θ 溶液的区间。接下来用半稀良溶液中相关团和相关长度的概念讨论半稀 θ 溶液中分子链尺寸。对于半稀良溶液,大于热团尺寸 ξ_T 且小于相关长度 ξ_r 的尺度内(标度区二),排除体积 v 的作用明显,分子链呈现伸展构象,体积膨胀。在大于相关长度 ξ_r 尺度上,排除体积 v 的作用被重叠的分子链所屏蔽,分子链符合理想链构象。在半稀 θ 溶液中,标度区二中分子链的构象仍呈无扰状态。也就是说,半稀 θ 溶液无论在哪个标度区,分子链的构象均不会发生改变;在半稀溶液区间所有浓度和尺度上,分子链的构象都符合理想链构象。据此,可以推导出半稀 θ 溶液中含有 g 个结构单元相关团的体积分数 φ_r:

$$\varphi_r \approx \frac{g l^3}{\xi_r^3} \approx \frac{l^3 (\xi_r/l)^2}{\xi_r^3} \approx \frac{l}{\xi_r} \tag{4.62}$$

由式(4.62)可以得到

$$\xi_r \approx \frac{l}{\varphi_r} \tag{4.63}$$

$$\xi_r \approx l \left(\frac{l^3}{v}\right)^{(2v-1)/(3v-1)} \varphi_r^{-v/(3v-1)} \sim \varphi_r^{-0.76} \tag{4.64}$$

对比式(4.63)和式(4.64)可知,随着相关团内结构单元体积分数的增加,相比于半稀良溶剂,半稀 θ 溶液中的相关长度 ξ_r 下降得更快。

4.4　良溶液和 θ 溶液的标度理论认证

在 2.7 节已经简单讨论过标度理论。标度理论认为每一物理量与另一物理量的指数幂呈比例关系,幂指数即为标度。根据标度理论,两个物理量之间的关系可以写成式(2.64)的形式,其中指数 v 即标度。前面用标度理论研究理想链的构象,其标度为分形维数的倒数 $v = 1/D = 1/2$。在后续的研究中,又依据 Flory 的良溶剂理论和劣溶剂理论分别得到了真实链在良溶剂和劣溶剂中末端距 h 与聚合度 n 之间的关系式(4.7)和式(4.50)。据此,得出了良溶剂和劣溶剂中分子链的标度分别为 3/5 和 1/3。

de Gennes 系统地提出了标度理论,将其升华为一种理论工具应用于高分子科学研究的各个领域,从而极大地促进了高分子学科的发展。不仅仅是分子链的构象具有标度性质,许多高分子中重要的参数都具有其他凝聚态物质所不具备的标度性质,如 Mark-Houwink 方程同样满足式(2.64)的规律。既然如此,不妨讨论良溶剂和 θ 溶剂中的一些重要参数是否可以通过标度理论获得。这样不仅开拓了新的思路去研究这些参数的推导方法,而且可以与 Flory 的理论相互对比,彼此验证。

4.4.1　标度理论在良溶液中的应用

1.末端距和相关长度

首先来看分子链在半稀良溶剂中的末端距 h。de Gennes 认为分子链的末端距 h 与 φ/φ^* 呈标度关系,系数为 h_F,其中 φ 为分子链在溶液中的体积分数,φ^* 为扩张体积分数。根据标度理论,在半稀良溶液中分子链的末端距可以写成 $h \approx h_{\mathrm{F}} \left(\dfrac{\varphi}{\varphi^*} \right)^x$ 的形式。结合 Flory 理论中所得到的 h_{F}(式(4.36))和 φ^*(式(4.38))的表达式,可以推导出在半稀良溶液中末端距 h 与体积分数 φ 之间的关系式:

$$h \approx h_{\mathrm{F}} \left(\frac{\varphi}{\varphi^*} \right)^x \approx l \left(\frac{v}{l^3} \right)^{2v-1+6vx-3x} n^{v+3vx-x} \varphi^x \tag{4.65}$$

下面推导式(4.65)中的幂指数 x。半稀溶液中排除体积 v 的作用被屏蔽,整条分子链进行无规行走(标度区三),n 上的幂指数应该与理想链相同,即

$$v + 3vx - x = 1/2 \Rightarrow x = -\frac{v - 1/2}{3v - 1}$$

将 x 的表达式代入式(4.66)中,可以得到与式(4.43)相同的 h 表达式;由此证明半稀良溶液中末端距 h 通过 Flory $-$ Huggins 平均场理论和 de Gennes 标度理论推导的一致性。除了分子链的末端距外,还可以利用标度理论验证半稀溶液中相关长度与体积分数之间的关系。根据相关长度的物理意义,相关团中所包含的单元数 g_{r} 和相关长度 ξ_{r} 仅依赖于体积分数 φ 和排除体积 v,与分子链的聚合度 n 无关。据此,可以确定式(4.65)中 n 上的幂指数 $v + 3vx - x = 0$,由此可以得到 $x = -v/(3v - 1)$。将 x 的表达式代入式(4.65)中,可以得到与式(4.41)相同的 ξ_{r} 表达式。

从式(4.41)中发现体积分数 φ_{r} 越大,相关长度 ξ_{r} 越短。这是因为体积分数越大,分子链彼此之间越靠近。那么相关长度 ξ_{r} 的下限是什么呢? 可以想象当相关长度 ξ_{r} 与热团尺寸 ξ_{T} 相等时,标度区二消失(图4.8)。此时相关长度为

$$\xi_{\mathrm{r}} = \xi_{\mathrm{T}} \Rightarrow l \left(\frac{l^3}{v} \right)^{(2v-1)/(3v-1)} \varphi^{-v/(3v-1)} = \frac{l^4}{v} \Rightarrow \varphi^{**} \approx \frac{v}{l^3} \tag{4.66}$$

也就是说,当相关团内部分子链的体积分数 φ_{r} 高于 φ^{**} 时,分子链在所有标度区都处于理想状态。在小于热团尺寸 ξ_{T} 上,由于排除体积 v 的相互作用小于热能 kT,链段是理想的;在大于热团尺寸 ξ_{T} 上,排除体积 v 的作用被屏蔽,整条分子链也是理想的。把 φ^{**} 作为半稀溶液和浓溶液的分界线,φ^{**} 所对应溶液浓度 c^{**} 称为缠结浓度。一旦超过缠结浓度 c^{**},分子链之间不仅穿插缠绕,而且会形成各处链段分布均匀的缠结网络,此时的溶液为浓溶液。在半稀溶液中,聚合物链在中等尺度上发生膨胀(标度区二);而在浓溶液中,分子链在所有尺度上都服从理想链统计 $h \approx ln^{1/2}$。根据式(4.41)中相关长度 ξ_{r} 与 φ_{r} 的关系,随着体积分数 φ_{r} 的增加分子链的相关长度 ξ_{r} 会减小到热团尺寸 ξ_{T},此时高分子链的末端距 h 可以写成关于 φ^{**} 的相对形式:

$$h \approx l \left(\frac{l^3}{v\varphi} \right)^{(v-1/2)/(3v-1)} n^{1/2} \Rightarrow h \approx h_0 \left(\frac{\varphi}{\varphi^{**}} \right)^{-(v-1/2)/(3v-1)} \quad (\varphi^* < \varphi < \varphi^{**}) \tag{4.67}$$

在无热溶剂中,热团尺寸仅为一个结构单元的量级 $\xi_{\mathrm{T}} \approx l$,而排除体积 $v \approx l^3$。代入式(4.67),可得 $\varphi^{**} \approx 1$。因此,对于无热溶剂,高分子直到很大浓度时都可以看作半稀

溶液,分子链末端距 h 和相关长度 ξ_r 为

$$h \approx l n^{1/2} \varphi^{-(v-1/2)/(3v-1)} \approx l n^{1/2} \varphi^{-0.13} \tag{4.68}$$

$$\xi_r \approx l \varphi^{-v/(3v-1)} \approx l \varphi^{-0.75} \tag{4.69}$$

2.渗透压

接下来,讨论标度理论对良溶液中渗透压 Π 的验证;根据 Flory－Huggins 的平均场理论可以得到渗透压 Π 的表达式为

$$\Pi \approx kT \left(\frac{c_n}{n} + \frac{v}{2} c_n^2 + w c_n^3 + \cdots \right) \approx \frac{kT}{l^3} \left(\frac{\varphi}{n} + \frac{v}{2l^3} \varphi^2 + \frac{w}{l^6} \varphi^3 + \cdots \right) \tag{4.70}$$

聚合物良溶液中,代表三实体相互作用的第三项及更高次项可以忽略,所以渗透压 Π 由前两项决定。下面分析在半稀良溶液中,前两项的大小关系。当前两项相等时,可以得到如下结论:

$$\left. \begin{array}{c} \dfrac{\varphi}{n} = \dfrac{v}{2l^3} \varphi^2 \Rightarrow \varphi = \dfrac{l^3}{vn} \\[2mm] g_T \approx \dfrac{l^6}{v^2} \end{array} \right\} \varphi \approx \dfrac{\sqrt{g_T}}{n} \tag{4.71}$$

式(4.71)中,n 为整条分子链中结构单元的数量,而 g_T 则表示热团中所包含的结构单元数量,因此 $g_T \ll n$。由此得出当第一项和第二项相等时,$\varphi \approx \dfrac{\sqrt{g_T}}{n} \ll n^{-1/2}$ 的结论。

当聚合物溶液的体积分数 φ 高于 $\dfrac{\sqrt{g_T}}{n}$ 时,相对于第一项,式中第二项将发挥主导作用。通过式(4.60)可知,聚合物处于半稀 θ 溶剂时 $\varphi_\theta^* \approx n^{-1/2}$。显然,半稀良溶液中聚合物的体积分数是大于 φ_θ^* 的,更远大于式(4.71)中的 φ 值。故半稀良溶液中聚合物的体积分数较高,两实体相互作用(排除体积)将对渗透压起决定性贡献。因此,式(4.70)被进一步简化为

$$\Pi \approx \frac{kTv}{l^6} \varphi^2 \tag{4.72}$$

从式(4.72)中可以看到,平均场理论正确预测了在半稀良溶液中,渗透压 Π 与聚合物的分子量 M 无关。然而依据该式,渗透压 Π 与 φ^2 呈正比关系,这一点是不准确的。原因在于 Flory－Huggins 的平均场理论假设链段在溶液中均匀分布,没有充分考虑链段之间的相关性,从而过高地估计了半稀良溶液中两实体间相互作用对渗透压的贡献。根据前文可知,在稀的良溶液中($\varphi < \varphi^*$),分子链间二元相互作用虽然重要,但并不能完全决定渗透压。为适当考虑分子链的相关性,de Gennes 建立了一个渗透压的标度模型对平均场理论进行修正。根据该理论,在重叠体积分数 φ^* 以下(稀溶液),渗透压 Π 能够用 van't Hoff 定律近似描述。当体积分数高于 φ^* 时,渗透压 Π 会随着 φ 的增大而迅速增加:

$$\Pi \approx \frac{kT}{l^3} \frac{\varphi}{n} f\left(\frac{\varphi}{\varphi^*}\right), \text{其中 } f\left(\frac{\varphi}{\varphi^*}\right) \approx \begin{cases} 1, & \varphi < \varphi^* \\ \left(\dfrac{\varphi}{\varphi^*}\right)^x, & \varphi > \varphi^* \end{cases} \tag{4.73}$$

在半稀良溶液区间,渗透压 Π 和 $(\varphi/\varphi^*)^x$ 成正比:

$$\Pi \approx \frac{kT}{l^3} \frac{\varphi}{n} \left(\frac{\varphi}{\varphi^*}\right)^x \approx \frac{kT}{l^3} \varphi^{1+x} n^{(3v-1)x-1} \left(\frac{v}{l^3}\right)^{3x(2v-1)} \tag{4.74}$$

前面已经分析过,半稀良溶液中的渗透压 Π 与分子量 M(聚合度 n)无关,因此,聚合度 n 的幂指数应该为零:$(3v-1)x-1=0 \Rightarrow x = \dfrac{1}{3v-1}$。良溶剂中的标度 $v \approx 0.588$,将其代入式(4.74)可得到:

$$\Pi \approx \frac{kT}{l^3} \varphi^{2.3} \left(\frac{v}{l^3}\right)^{0.69} \tag{4.75}$$

与 Flory—Huggins 的平均场理论不同,在充分考虑了结构单元之间沿分子链的相关性后,de Gennes 的标度理论得到的渗透压 Π 和体积分数 φ 的 2.3 次幂呈正比。实验数据表明,相比于平均场理论,标度理论的结果更符合实验数据。

4.4.2　标度理论在半稀 θ 溶液中的应用

1.相关长度

接下来讨论标度理论对半稀 θ 溶液的验证。对于半稀良溶液,大于热团尺寸且小于相关长度的范围内(标度区二),排除体积 v 的作用十分明显,造成分子链膨胀。在大于相关长度的尺寸上,排除体积 v 的作用被其他重叠分子链所屏蔽,此时分子链的构象与理想链相同(标度区三)。区别于半稀良溶液,在半稀 θ 溶液中,无论大于还是小于相关长度的尺度上,分子链的构象都不会发生改变。也就是说半稀 θ 溶液中,所有浓度和尺度上分子链的构象都符合理想链。据此,我们依据平均场理论推导出半稀 θ 溶液的相关长度的表达式即式(4.64)。

再根据 de Gennes 的标度理论推导半稀 θ 溶液($\varphi^* < \varphi \ll 1$)中相关长度与体积分数 φ 之间的关系。与讨论半稀良溶液的方法相似,标度理论中依旧认为 ξ_r 与 $(\varphi/\varphi^*)^x$ 成正比:

$$\xi_r \approx h_0 \left(\frac{\varphi}{\varphi^*}\right)^x \approx l\varphi^x n^{(1+x)/2} \tag{4.76}$$

相关长度 ξ_r 与聚合度 n 无关;因此,式(4.76)中 n 的幂指数 $(1+x)/2=0$。将 $x=-1$ 代入,所得结果与平均场理论一致(式(4.63))。

2.渗透压

由平均场理论推导出了渗透压 Π 的表达式(4.68),右边第一项与分子链数量的密度成正比,这对稀溶液非常重要。正是由于存在这种依数性,才可以利用膜渗透压法获得聚

合物的数均分子量 M_n。第二项中含有排除体积 v，在 θ 溶液中 $v=0$。第三项为三实体间的相互作用，$w=l^6$。前面已经推导出 θ 溶液中的重叠体积分数 $\varphi_\theta^* \approx n^{-1/2}$。对于半稀溶液，$\varphi > \varphi^* \approx n^{-1/2}$。因此，在半稀 θ 溶液中第三项起主要作用，式（4.70）可以简化为

$$\Pi \approx \frac{kT}{l^3}\varphi^3 \tag{4.77}$$

再来讨论标度理论对半稀 θ 溶液中渗透压 Π 的验证。与良溶剂类似，在 $\varphi < \varphi^*$ 的稀溶液中，de Gennes 标度理论认为渗透压 Π 能够用 van't Hoff 定律近似描述。只有在 $\varphi > \varphi^*$ 的半稀溶液中，渗透压 Π 才与 $(\varphi/\varphi^*)^x$ 成正比。于是在 θ 溶液中也可以用到式（4.73）。半稀 θ 溶液的渗透压表达式为

$$\Pi \approx \frac{kT}{l^3}\frac{\varphi}{n}\left(\frac{\varphi}{\varphi^*}\right)^x \approx \frac{kT}{l^3}\varphi^{1+x}n^{\frac{x}{2}-1} \tag{4.78}$$

半稀溶液中渗透压 Π 与分子链长度（聚合度 n）无关，所以 $x/2-1=0$。将 $x=2$ 代入式（4.78），得到的渗透压表达式与 Flory－Huggins 平均场理论一致（式（4.77））。

相比于半稀良溶液，用平均场理论推导的半稀 θ 溶液中渗透压 Π 与标度理论吻合较好。平均场理论在良溶剂中不成立是因为排除体积作用强烈影响链的统计，从而降低了分子链间接触的概率。而在 θ 溶剂中，分子链间和单元间接触概率不受相互作用的影响，因此平均场理论能够很好地近似。

课 后 习 题

1. 什么是扩张体积和扩张体积分数？如何根据扩张体积分数与实际体积分数之间的关系判断聚合物溶液的浓稀？

2. 为什么说高分子真实链中的远程作用是不能忽视的？

3. 请推导稀的良溶液中高分子真实链的自由能，并据此推导分子链在良溶液中的分形维数。

4. 请从标度理论出发推导高分子真实链和理想链拉伸过程中的自由能和外力。

5. 高分子链单向压缩和双向压缩有什么区别？双向压缩后，高分子理想链和真实链的尺寸分别是多少？单向压缩后，高分子理想链和真实链的自由能分别是多少？

6. 简述热团的物理意义。如何求解热团的尺寸和内部链段排除体积的作用能？

7. 简述相关长度和相关团的物理意义。对于半稀良溶液，如何进行三个标度区间的划分？每个区间分子链的分形维数是多少？

8. Flory 劣溶剂理论是如何避免在劣溶剂中分子链向一个点塌陷的？

9. 高分子稀溶液中 θ 状态的两个边界温度是什么？高分子 θ 溶液中的扩张体积分数是多少？

10. 通过标度理论验证平均场理论关于半稀 θ 溶液渗透压 Π 的表达式的正确性，以及平均

场理论关于半稀良溶液中渗透压 Π 的表达式的不正确性。

11.利用标度理论推导半稀良溶液和半稀 θ 溶液中的相关长度和分子链末端距。

参 考 文 献

［1］吴其晔. 高分子凝聚态物理学［M］. 北京:科学出版社,2012.

［2］吴其晔. 高分子凝聚态过程与相态转变［M］. 北京:高等教育出版社,2016.

［3］鲁宾斯坦,科尔比. 高分子物理［M］. 励杭泉,译. 北京:化学工业出版社,2007.

［4］CHAIKIN P M, LUBENSKY T C. Principles of Condensed Matter Physics［M］. Cambridge:Cambridge University Press,1995.

［5］德热纳. 高分子物理学中的标度概念［M］. 吴大诚,刘杰,朱谱新,译. 北京:高等教育出版社,2013.